Böhlau

Axel Meyer

EVOLUTION IST ÜBERALL

Gesammelte Kolumne „Quantensprung" des Handelsblattes

Böhlau Verlag Wien · Köln · Weimar

Coverabbildung: Norbert W. Hinterberger, Chamäleon in Vorstandssitzung, mit freundlicher Genehmigung des Künstlers

Bibliografische Information Der Deutschen Bibliothek: Die Deutsche Bibliothek verzeichnet diese Publikation in der Deutschen Nationalbibliografie; detaillierte bibliografische Daten sind im Internet über http://dnb.ddb.de/ abrufbar.

ISBN 978-3-205-77771-7

Wien · Köln · Weimar
http://www.boehlau.at
http://www.boehlau.de

Gedruckt auf umweltfreundlichem, chlor- und säurefreiem Papier.

Druck: CPI Moravia Books

Inhalt

Vorwort

Eigentlich wollte ich Axel Meyer nur nach seiner Einschätzung zu einem aktuellen Aufsatz fragen. Ich weiß nicht mehr, wie wir darauf kamen, aber er sagte in diesem Telefon-Gespräch im Sommer 2005, dass er gerne eine Kolumne in einer Tageszeitung hätte – ohne zu wissen, dass ich gerade auf der Suche nach einem Kolumnisten für unsere neue Wissenschaftsseite im Handelsblatt war. Am nächsten Tag rief ich nochmals an und musste ihn natürlich nicht lang überreden.

Nicht mal eine Woche später schickte er eine Liste mit rund fünfzig Themen. An Ideen mangelt es Axel Meyer nie. Und dabei ist die Liste höchstens zur Hälfte realisiert worden, weil ihm offensichtlich allerorten neue Anregungen über den Weg laufen.

Seit November 2005 schreibt Axel Meyer wöchentlich seinen „Quantensprung". Dass eine Kolumne im Handelsblatt gleichzeitig lehrreich und unterhaltsam sein kann, war für die Kollegen, in deren Blatt bis dahin noch kein Wort eines Naturwissenschaftlers gestanden hatte, eine angenehme Überraschung. „Der kann ja richtig gut schreiben!" sagte unser Chefredakteur Bernd Ziesemer, als ich ihm den ersten „Quantensprung" am Abend des 23. November 2005 vorlegte.

Den Graben zwischen Wissenschaft und breiter Öffentlichkeit will Meyer überwinden: „In dieser Kolumne soll versucht werden, die Denk- und sonstige Welt der Naturwissenschaften dem Leser etwas näher zu bringen", schreibt er zum Auftakt. Ich denke, das ist ihm bei vielen Tausend Handelsblatt-Lesern gelungen.

Ob Meyer über eigene Erlebnisse, zum Beispiel Tauchgänge in den Seen Nicaraguas, über Skurrilitäten wie den vom Schwertfisch verletzten Hochseeangler, über die kreationistische Irrlehre des „Intelligent Design" oder über hochschul- und wissenschaftspolitische Fragen schreibt, stets nimmt er leidenschaftlich Stellung. Langweilig abgewogene Funktionärsreden sind von ihm nicht zu erwarten: Nicht nur kreationistische Pseudowissenschaftler, auch die in den Gremien sitzenden Forschungspolitiker bekommen bei ihm oft ihr Fett weg.

Axel Meyer ist eines der besten und leider in Deutschland noch nicht sehr zahlreichen Beispiele für einen Wissenschaftler, der sich nicht nur im Labor engagiert, sondern in der Öffentlichkeit das Wort ergreift. Im Handelsblatt natürlich, aber auch in der FAZ, der Zeit und anderen Zeitungen ist von Meyer zu lesen.

Nachdem wir uns viele Monate nur telefonisch kannten, freute ich mich umso mehr, Axel Meyer im Sommer 2006 an seiner Universität in Konstanz kennen zu lernen. Und auch das Labor, das in vielen seiner Texte, und die Hündin, die in mindestens einem zur Sprache kommt.

Ich freue mich, dass die ersten 100 „Quantensprünge" nun in gebundener Form vorliegen, sie sind es wert. Und ich hoffe, dass noch viele weitere im Handelsblatt stehen werden, jeden Donnerstag auf der Seite „Wissenschaft & Debatte".

Ferdinand Knauß
Redakteur Geistes- und Naturwissenschaften

Zum Geleit

Ernst Peter Fischer

Für die Qualität der Wissenschaft

Axel Meyer ist ein ungeduldiger Mensch, und er hat ein klares Ziel. Er möchte gute Naturwissenschaft treiben und mit ihrer Hilfe verstehen, was um ihn herum in der engen und weiten Welt passiert, besonders wenn sie belebt ist und unentwegt ihre vitale Dynamik entfaltet. Er setzt dabei auf das große Grundprinzip der Evolution, das alles in Bewegung bringt und uns auf Trab hält.

Axel Meyer ist dabei nicht nur sehr erfolgreich, sondern auch noch in der Lage, das Erkannte gefällig, spannend und überzeugend darzustellen. So passt eigentlich alles gut zusammen, wenn es da nicht einige Zauderer und Gegenspieler gäbe – zum Beispiel Menschen, die der empirischen Naturwissenschaft entweder zu wenig oder zu viel zutrauen. Ihn ärgert, wenn es polemisch heißt, dass die Menschen früher Angst vor der Natur und heute Angst vor den Naturwissenschaften haben, und ihn wurmt, wenn er hören muss, wie sich Philosophen gerne nickend bestätigen, was einer ihrer Vordenker im letzten Jahrhundert behauptet hat, nämlich dass die Wissenschaft nicht denkt. Axel Meyer wird wütend, wenn er auf verworrene Argumente über die Unvollständigkeit der Evolution trifft, aus denen ungerechtfertigt der Schluss gezogen wird, dass dem ganzen Geschehen göttliche Beihilfe zuteil werden musste. Und er verzweifelt, wenn neben diesen Feinden der empirischen Forschung auch noch die Bürokraten anfangen, der wissenschaftlichen Grundlagenarbeit sorgfältig gezimmerte Knüppel zwischen die Beine zu werfen.

Zum Glück lässt sich Axel Meyer von all diesen Hindernissen nicht bremsen. Es scheint, dass er eher im Gegenteil dadurch zu größerer Form aufläuft und sowohl seine wissenschaftlichen Ergebnisse als auch ihre essayistischen Umsetzungen besser werden. Wer mit dem Gedanken der Evolution vertraut ist, erkennt seine Wirksamkeit auch an dieser Stelle. Wie es der Titel sagt – Evolution ist überall, auch in diesen Texten. Die Leser können sich freuen.

Vorwort des Autors

Meine Art zu denken ist zugegebenermaßen stark davon geprägt, dass ich Evolutionsbiologe bin. Aber warum sollte ich mich überhaupt dafür entschuldigen? Man kann das Wirken der Evolution überall entdecken, wenn man nur gelernt hat die Welt so zu sehen und zu interpretieren. Und ich bin davon überzeugt, dass die natürliche Auslese die wichtigste Kraft in der belebten Natur ist, die selbst das Miteinander des Homo sapiens entscheidend geformt hat. Unsere evolutionäre Vergangenheit prägt, wenn auch meist unbewusst, das Verhalten im sozialen Kontext. Diese Sichtweise klingt durch in den Kolumnen, die hier gesammelt sind.

Dann haben auch noch meine 15 Jahre in den USA einen großen Einfluss auf mich gehabt. Wahrscheinlich im Guten wie im Schlechten. Ich denke oft voller Wehmut an diese spannenden Jahre in Miami, Berkeley, Cambridge und New York zurück. Seit zehn Jahren bin ich nun wieder in Deutschland und vergleiche immer noch das Hier mit dem Dort. Sicher wäre mein Leben anders verlaufen, wenn ich nicht zurückgekommen wäre, aber vielleicht nicht unbedingt besser. Wie sollte ich auch wissen, wie mein Leben in den USA weitergegangen wäre? Ein kontrolliertes Experiment mit einem Zwillings-Klon von mir, einem diesseits und dem anderen jenseits des Atlantiks ging nicht. Außerdem wäre diese Stichprobe zu klein gewesen für jegliche Art von Statistik. Nach so langer Zeit im Ausland ist man einfach nirgends mehr wirklich zu Hause, aber man hat weit über den Tellerrand hinausgeguckt. Das hier allzu beliebte „Das macht man nicht" zählt nicht mehr, denn man weiß, dass es auch anders geht – und manchmal sogar besser.

Ich kam also trotzdem nach Deutschland zurück. Warum? So wurde ich einmal von der charmanten Gundula Gause der Abendnachrichten auf einer öffentlichen Bühne gefragt. Diese Frage traf mich etwas überraschend, denn das Thema des Abends war eigentlich die 50-Jahr-Feier der Entdeckung der DNS. Der Mitentdecker und Nobelpreisträger James Watson war schließlich auch auf der Bühne. Ich sagte, dass es genügend Tage gibt, an denen ich diese Entscheidung bereue. Dies ist aber nur eine sehr verkürzte Antwort und auf der Suche nach einer kompletteren zieht sich der Vergleich des amerikanischen Bildungssystems mit dem deutschen als ein Leitthema durch die Kolumnen. Und viel zu wenige Akademiker kommen zurück oder werden aus anderen Ländern hierher angezogen. Warum ist das so, frage ich mich auch.

Ich wollte eigentlich nur ein Vorwort von der Länge einer Kolumne im Handelsblatt schreiben. Jetzt ist sie leider doch wieder etwas zu lang geworden, aber vielleicht wird mir dies mein hervorragender „Chef", Ferdinand Knauß, beim Handelsblatt verzeihen. Denn wenigstens mit diesem Vorwort habe ich ihm keine extra Arbeit gemacht. Wohl fast zum ersten Mal. Das Handelsblatt ist mir richtig ans Herz gewachsen. Vorher kannte ich es nur durch gelegentliche Lektüre aus dem Flugzeug, jetzt ist sie Teil der Familie geworden. Eine hervorragende Zeitung, und ich lese jetzt sogar Artikel aus der Wirtschaft, die mich vorher nie interessiert hätten.

Und vermutlich liest sogar der eine oder andere „Entscheider" (das sind vermeintlich alle Leser des Handelsblatts) meine evolutionsbiologisch eingefärbte Kolumne auf der überraschenden Seite am Donnerstag „Wissenschaft und Debatte". Diese Seite, die man wohl nicht in einer Wirtschaftzeitung erwarten darf, ist wunderbar und scheinbar durchaus beliebt, jedenfalls werden viele Kolumnen mit Lesenbriefen beantwortet. Ich war mir da anfangs nicht so sicher, auch über mich selbst. Will, ja kann ich, jede Woche etwas Lesenswertes und zugleich Unterhaltsames schreiben? Mein Vorgänger in Konstanz, der wort- und auch sonst gewaltige Hubert Markl riet mir zur Vorsicht und zu einem zweiwöchigen Turnus – immerhin habe ich ja auch noch ein Labor zu leiten. Aber bisher macht zumindest die Themenfindung keine Probleme. Die Zeit für das Schreiben hingegen zu finden ist da schwieriger gewesen.

Dies ist ja eigentlich nicht mein Job. Als Professor sollte ich gefälligst meine ganze Energie in die Forschung und Lehre einbringen. Eigentlich stimme ich dieser Meinung zu. Aber als Evolutionsbiologe, und noch dazu einer, der seine akademischen Lehrjahre fast ausschließlich in den USA verbracht hat, habe ich es gelernt, dass es auch meine Pflicht und Schuldigkeit ist, der Öffentlichkeit, die meine Hypothekenzahlungen immerhin durch ihre Steuern ermöglicht, etwas zurückzugeben. Dies tut man so in den angelsächsischen Ländern, es gehört dazu in den Medien Wissenschaft und Forschung verständlicher zu machen und eine wissenschaftliche Sichtweise der Welt dem Leser näher zu bringen. Dies ist eine Tradition, die auch hier einheimisch werden sollte. Meine Forschung als Evolutionsbiologie ist allerreinste Grundlagenforschung. Ich werde wohl nie durch Patente oder Firmengründungen zum Bruttosozialprodukt dieser Republik beitragen. Ich kann dem Steuerzahler, der meine Forschung ermöglicht, nur versuchen etwas zurückzugeben, indem ich ein Lächeln, Stirnrunzeln oder verwundertes „Oh!" oder „Aha" entlocke bei der Frühstückslektüre am Donnerstagmorgen.

Wie es zu dieser Kolumne kam hat Ferdinand Knauß schon angedeutet. Das Glück trifft den Vorbereiteten und manchmal muss man seinem Glück etwas nachhelfen, auch das habe ich in den USA so gelernt. Mauerblümchen laufen Gefahr aus Wassermangel zu verwelken. Apropos, ein Mauerblümchen ist Ernst Peter Fischer sicher nicht, sondern ein Quell an Information und übersprudelndem Enthusiasmus, der sein immenses Wissen mit anderen Menschen teilen will. Ihm höre ich immer gerne zu, es ist sowieso müßig zu versuchen seinen Redefluss zu unterbrechen. Peter Fischer hatte eine Kolumne in der Tageszeitung „DIE WELT". Und da wollte ich mit den Fischers mithalten, auch deshalb freute ich mich über die Gelegenheit, eine wöchentliche „Quantensprung-Kolumne" für das Handelsblatt schreiben zu dürfen und von Ernst Peter Fischers Kommunikationstalent etwas abschauen zu können.

Bei einem Ausflug aus dem Elfenbeinturm in die Öffentlichkeit hatte ich das Vergnügen, Norbert Hinterberger kennenzulernen. Ich hatte mitgeholfen, eine Ausstellung zur Evolutionsbiologie im Deutschen Hygienemuseum in Dresden zu planen. Er leitete die künstlerische Realisierung dieser Ausstellung. Ich war begeistert und beeindruckt von der Kunst und dem Künstler, der ein genuines Interesse an der Evolutionsbiologie hat. Ein seltener Grenzgänger zwischen Wissenschaft und Kunst. Deshalb bin ich dankbar für das schöne Titelbild zu diesem Büchlein.

Wer sollte dieses Buch lesen? Ich kann nur hoffen, dass möglichst viele Leser es als interessante, aber auch kurzweilige Lektüre erfahren werden. Man braucht gar nicht besonders an Evolution interessiert zu sein, wird aber mehr über sie erfahren. Ich gucke gerne bei meinem Kolumnistenidol Harald Martenstein ab. Aber die Kolumnen sollen nicht nur unterhalten, sondern auch ein ganz klein wenig provozieren (die Seite, auf der sie erscheinen, heißt ja schließlich „Wissenschaft und Debatte") und zum Nachdenken anregen. Wer von der Lektüre vielleicht auch profitieren könnte sind Jungakademiker, die noch in dem Lande verweilen, wo vermeintlich auch akademisch Milch und Honig fließen. Wer als Student in die USA ging und nun mit einer Mischung aus Unverständnis, ohnmächtiger Wut, aber auch Sehnsucht und Heimweh in Richtung Deutschland zurückschaut, wird meine Reflexionen vielleicht interessant finden als, wenn auch nur subjektiver, Einblick eines akademischen Rückkehrers, der die Vor- und Nachteile beider Universitätssysteme kennt. Wenn ich den „Campus" von Dietrich Schwanitz noch in den USA gelesen hätte, dann hätte ich es mir wohl sicher nochmals überlegt, ob ich den Sprung zurück wagen sollte. Die Körnchen der Wahrheit, die dieser Roman enthält über das deutsche Universitätsleben haben durchaus die Größe von veritablen Nuggets. Wahrheit ist natürlich nicht nur schön.

Meiner Gabi und auch meinen Studenten möchte ich danken für die Geduld mit mir. Das Kolumnenschreiben kostete doch manchmal mehr Zeit als gehofft, von der ich dann etwas weniger hatte für sie. Und manchmal habe ich vielleicht zu ungefiltert Geschichten aus dem Labor und der hiesigen Eliteuniversität weitererzählt. Aber es ist am Ende doch im Dienste der Wissenschaft, wenn Licht ins Dunkel gebracht wird.

1 Kleine Schritte für die Wissenschaft

34 Prozent aller Amerikaner glauben, dass Adam und Eva auf Dinosauriern zur Kirche ritten!

Na gut, zugegeben, etwas übertrieben. Aber immer noch über die Hälfte der Amerikaner nehmen die Bibel beispielsweise in puncto Genesis wörtlich. Sie wissen nichts von den Bergen wissenschaftlicher Belege oder ignorieren sie, die zeigen, dass unser Planet Milliarden von Jahren alt ist, Millionen von Arten entstanden und wieder ausgestorben sind – und die Erde und ihre Lebewesen nicht innerhalb einer göttlichen Arbeitswoche ex nihilo kreiert wurden. Warum gibt es so unterschiedliche Weltbilder von Wissenschaftlern und einer manchmal sogar breiten Öffentlichkeit? Im Fall der erwähnten Kreationisten ist der Grund reine religiöse Demagogie, und der Fehler scheint weniger bei den Wissenschaftlern selbst zu liegen.

Aber es gibt noch viele andere Gründe, warum Ergebnisse aus Laboren und akademischen Denkstuben die Öffentlichkeit oder gar das Bewusstsein der Allgemeinheit nicht erreichen oder dort falsch interpretiert werden. Unverständnis oder gar Desinteresse und Misstrauen tragen sicherlich dazu bei, dass sich manche Wissenschaftler in ihrem Elfenbeinturm oft ganz wohl fühlen. Viele glauben wohl selber auch, ihre Forschung sei zu esoterisch oder zu komplex, als dass sich der Versuch lohnte, die Frau auf der Straße dafür zu interessieren.

In dieser Kolumne soll versucht werden, die Denk- und sonstige Welt der Naturwissenschaften dem Leser etwas näher zu bringen. Aktuelle Ergebnisse sollen erklärt und alte Missverständnisse beleuchtet werden. „Quantensprung" als Titel wurde gewählt, weil dieser Begriff aus der Physik zwar seinen Weg fand aus den wissenschaftlichen Köpfen von Max Planck, Niels Bohr und anderen in die Umgangssprache, wie etwa in der Hamburger Zeitungsüberschrift „HSV macht Quantensprung". Aber der HSV-Fan meint mit dem Wort „Quantensprung" etwas vollkommen anderes (und damit Falsches) als ein Physiker am Hamburger Desy, dem Deutschen Elektronen-Synchrotron.

Umgangssprachlich wird Quantensprung für einen großen Fortschritt, eine deutliche Verbesserung verwendet, was nicht nur eine Richtung impliziert, sondern eben auch etwas Großes. Aber ein physikalischer Quantensprung beschreibt den sprunghaften Übergang (dabei gibt es keine theoretischen Zwischenzustände) eines subatomaren Systems von einem Quantenzustand in einen anderen. Dieser Übergang ist winzig klein, es ist der winzigste überhaupt mögliche. Auch Wissenschaft schreitet leider meist eher im physikalischen als im umgangssprachlichen Sinn von „Quantensprung" voran.

2 Richtig schenken macht fit

Unerbittlich naht die Weihnachtszeit – die Kaufhäuser sind schon auf festlich umgestellt. Ein Warnsignal besonders für die Herren der Schöpfung. Auch wenn Sie die Entscheidung, wem Sie was schenken, und was es kosten darf, gerne bis zum Vormittag des 24. Dezember hinausschieben, soll hier eine kaltblütig kalkulierende, evolutionsbiologisch begründete Hilfestellung angeboten werden.

Evolutionäre Fitness errechnet sich aus dem Beitrag unserer Gene zum Genpool der nächsten Generation. Wir können unsere „direkte Fitness" durch reproduktives Verhalten beeinflussen – schlicht gesagt, je mehr Kinder wir zeugen und gebären, desto mehr Kopien unserer Gene werden die Chance zur Reproduktion in der nächsten Generation haben. Zurück zu Weihnachten: Die Gesamtfitness kann auch steigen, wenn wir die Fitness der Verwandten steigern. Denn auch wenn durch unseren Einsatz mehr Verwandte überleben und sich fortpflanzen, als sie dies ohne unsere Generositäten täten, helfen wir unseren Genen durch indirekte Fitness. Warum Freunde zu beschenken auch eine gute Strategie sein kann, wird ein andermal erklärt. Im Gegensatz zu ihnen können wir uns die Verwandtschaft aber nicht aussuchen, denn sie bedeutet gemeinsame Gene.

Der Verwandtschaftskoeffizient (r) bezeichnet den Prozentsatz der gemeinsamen Gene oder die Wahrscheinlichkeit, dass eine bestimmte Kopie eines Gens in zwei verwandten Individuen zu finden sein wird. Ihre Kinder haben im Durchschnitt je 50 Prozent Ihrer Gene. Außer im seltenen Fall eineiiger Zwillinge, die 100 Prozent Ihrer Gene teilen, ist dies die engst mögliche genetische Verwandtschaft und somit der beste Weg, Gene in die nächste Generation zu tragen. Daher sollten Sie nicht nur Ihren Kindern, sondern auch Geschwistern und Eltern (insbesondere falls noch reproduktionsfähig), die alle r=0,5 haben, die größten Geschenke machen.

Nichten, Neffen, Tanten und Onkeln (r=0,25) sollten Sie nur etwa halb so große Geschenke machen, ebenso Halbgeschwistern oder Großeltern (r=0,25). Vettern ersten Grades (r=0,125 – letzte gemeinsame Vorfahren Großeltern) oder zweiten Grades (r=0,0625 – Urgroßeltern letzte direkte genetische Verbindung) schneiden geschenkemäßig noch schlechter ab. Bei weiter entfernten Verwandten lohnt sich das Schenken immer weniger, der Effekt auf die indirekte Fitness ist zu gering.

In vielen Regionen der Welt sind Kinder immer noch eine direkte Altersversicherung – auch, aber mehr indirekt, in Deutschland – ein anderes Thema …

3 Was man über Großmütter wissen sollte

Weihnachten – Zeit der Besinnung und der psychologischen Nabelschau. Deshalb wohl auch die weit verbreiteten weihnachtlichen Familienkrisen. Glücklicherweise sieht man sich ja sonst nicht so oft und ist auch zu beschäftigt für Besinnlichkeit. Es gibt aber noch andere Erklärungen für die Weihnachtskrise – genetische.

Was fällt immer wieder auf, wenn sich die Sippe um den Weihnachtsbaum gesellt? Die Ähnlichkeiten. Die guten wie die schlechten, wahrscheinlich eher noch die schlechten. Was an den familiären Gemeinsamkeiten genetischen Ursprungs ist und was auf Grund der gemeinsamen Erziehung erklärt oder vielleicht auch entschuldigt werden kann, ist die alte, scheinbar nie enden wollende Debatte: „nature – nurture".

In Zeiten der Patchwork-Familie sind genetische Beziehungen unterm Weihnachtsbaum sowieso nicht mehr so klar, wie es wohl traditionell der Fall war. Die 50 Prozent der genetischen Identität, die Geschwister untereinander und mit jedem Elternteil teilen, fallen auf 25 Prozent bei Halbgeschwistern und Kuckuckskindern.

Kuckuckskinder, ein Begriff nicht ganz korrekt aus der Natur entliehen, sind die geschätzten vier bis sogar 30 Prozent – die Zahlen sind nicht sehr verlässlich – aller ehelichen Kinder, von denen der Papa nur glaubt, auch der genetische zu sein. Im Englischen gibt es deshalb das niedliche Sprichwort „Mother's baby, father's maybe". Warum Frauen Männern in monogamen Beziehungen Kinder anderer Väter „unterschieben", ist aus evolutionsbiologischer Sicht nicht leicht erklärlich. Klar ist aber, dass Mütter immer wissen, ob es ihre Kinder und damit Gene sind, die sie aufziehen, egal, wer der Vater ist; Männer hingegen können sich dessen nie sicher sein und es auch erst seit wenigen Jahren mit genetischen Vaterschaftstests wirklich nachprüfen. Dies ist natürlich der Stoff, aus dem Tragödien griechischen Ausmaßes gestrickt sind. Mütter und damit auch Großmütter mütterlicherseits können also sicher sein, dass ihre Gene in den Kindern und Enkeln präsent sind; Väter und Großväter, aber auch Großmütter väterlicherseits dürfen sich da weniger sicher sein. Auch Schwiegermütter handeln also zumindest genetisch entschuldbar, ja folgerichtig, wenn sie der Schwiegertochter misstrauen; denn ihr Sohn ist möglicherweise nicht der Vater ihres Enkels.

Falls Sie also mit Zuneigung oder Geschenken von Ihrer Großmutter väterlicherseits schlechter als von der Großmutter mütterlicherseits behandelt werden, dann wäre dies zwar eine verhaltensbiologische Erklärung aber sicherlich kein Trost.

4 Denn du bist der Teamgeist

Wie naiv zu denken, dass Bälle keine Namen haben. Deshalb nach der FIFA-Auslosung und der Bekanntgabe des Namens des WM-2006-Balls hier noch einige weitere Vokabeln für fortgeschrittene Englischsprecher: Kindergarten, Waldsterben, Blitzkrieg, Angst, Ersatz, Entwicklungsroman. Viele dieser deutschen Wörter sind in den USA weit verbreitet und werden auch dort mit der gleichen Bedeutung benutzt. Man kann dem Wort „Teamgeist" nur das gleiche Schicksal wünschen. Noch heißt es dort allerdings „team spirit".

Die Wörter kamen aus dem modernen Deutsch, viele andere aber stammen aus dem Jiddischen, einem „Gemisch" aus Deutsch und aus slavischen Sprachen geborgter Wörter mit hebräischen Buchstaben geschrieben, und wanderten mit den europäischen Juden in die Neue Welt. Wieder andere Wörter wurden durch die Pennsylvania Dutch (nicht Holländer, sondern meist Bayern und Sachsen) in die Neue Welt eingeführt – so mutierte Alpenglühen zu Alpenglow. Die

GIs, die Fräuleins und die Propaganda nach dem Zweiten Weltkrieg brachten eine weitere Einwanderungswelle deutscher Wörter ins Amerikanische. Jeder kennt dort heute die Wörter Autobahn, birkenstocks, bratwurst, hausfrau, hinterland, Dachshund, Delicatessen oder Diesel, die oft in unveränderter Bedeutung über den Atlantik migrierten.

Wenn Sie also mit besonders guten Englischkenntnissen glänzen möchten, dann benutzen sie Wörter wie: doppelganger, dummkopf, Festschrift, kaput, kitsch, kraut, lebkuchen, gemutlich, Gestalt, gesundheit, lager, leitmotif, leid, loden, meister, muesli, nazi, panzer, pils, poltergeist, pumpernickel, realpolitik, schnauzer, schnitzel, strudel, sturm and drang, über, U-boat, umlaut, wanderlust, Weltanschauung, wiener, wurst, wunderkind, yodel, zaftig, zeitgeist oder zwieback. Sie wissen schon, was diese für Sie vielleicht neuen Englischvokabeln bedeuten und haben damit einen noch größeren amerikanischen Wortschatz.

Frankfurter (eine Wurst) oder Hamburger haben selbstverständlich eine andere Bedeutung jenseits des Atlantiks. Diese Art von Mutationen – entweder eine neue Bedeutung anzunehmen oder eine ehemalige aus der Alten Welt zu verlieren und nur in der Neuen beizubehalten – ist ein anderes, aber selteneres Verhalten von Wortmigranten. Schadenfreude ist ein Sonderfall. Dieses Wort gibt es bezeichnenderweise nur im Deutschen, und es verrät viel über die übleren nationalen Charaktereigenschaften. Dies sollte sich ruckartig verändern: deshalb nicht vergessen: „Du bist Teamgeist.“

5 Festtagsgrüße aus Nicaragua

Für die allzu fragile teutonische Moral ist es möglicherweise hilfreich, sich ab und zu vor Augen zu führen, wie gut es uns trotz allem geht. Dazu eignen sich Länder, denen es schlechter geht als uns. Sie wissen es – nur, man scheint es immer wieder zu vergessen –, es geht den Menschen fast aller Länder materiell schlechter als uns.

Gelegentlich habe ich das Privileg, nach Nicaragua und in andere abgelegene Gegenden zu reisen. Denn in unserer Forschung untersuchen wir, wie neue Arten besonderer tropischer Fische entstehen. Diese Buntbarsche sind nicht nur evolutionsbiologisch interessant, sondern auch die wichtigste tierische Proteinquelle für Millionen von Menschen, die um die großen Seen Afrikas und Nicaraguas leben. Mehr dazu ein andermal.

In Nicaragua, einem der ärmsten Länder der westlichen Hemisphäre, liegt die Arbeitslosenquote bei etwa 70 Prozent, und die meisten Menschen hier arbeiten für einen Stundenlohn von nur vier bis fünf Cordobas. Das sind etwa 20 Eurocent. Dafür arbeiten sie aber oft in Zwölf-Stunden-Schichten und an sechs Tagen der Woche. Der Monatslohn beträgt üblicherweise nur 50 bis 100 Euro. Selbst Ärzte verdienen nur etwa 300 Dollar monatlich. Niemand, zumindest auf dem Land, hungert, aber auch längst nicht alle haben sicheres Trinkwasser, einen Fernseher, Kühlschrank oder gar ein Auto.

Der Deutsche arbeitet durchschnittlich nur etwa 1 400 Stunden im Jahr. Welches andere Land der Welt hat so einen Wohlstand mit so wenig Arbeit? Auch amerikanische Arbeitnehmer arbeiten 25-30 Prozent länger im Jahr (etwa 1 950 Stunden) und haben keine sechs Wochen bezahlten Urlaub, sondern nur zwei bis drei. Selbst die Schweizer arbeiten mehr.

In Nicaragua wird man daran erinnert, dass materieller Wohlstand und die empfundene Zufriedenheit nicht eng, oft sogar negativ miteinander korrelieren. Ein volkspsychologisch interessantes Phänomen. Ich kenne kein einziges anderes Volk, welches so freundlich und glücklich ist und auch zufrieden zu sein scheint, wie die oft bettelarmen Menschen Nicaraguas.

Vielleicht war früher mehr Lametta – aber es geht uns immer noch gut. Auch wenn die Feiertage dieses Jahr so ungünstig liegen, dass zwei Urlaubstage mehr notwendig sind als üblich, um nochmals Urlaub zu machen in diesem Jahr, sollten wir uns über unser Glück freuen mit einem deutschen und nicht einem nicaraguanischen oder selbst einem amerikanischen Pass geboren worden zu sein. Fröhliche Weihnachten.

6 Mythos vom betrunkenen Elefanten

Dass Lemminge sich nicht freiwillig hordenweise in den nassen Tod in Norwegens Fjorde stürzen, ist, trotz glaubwürdig scheinender Dokumentation aus meiner Jugendzeit, schon länger bekannt.

Nun scheint noch eine weitere jugendliche Illusion dahin. Wenn Sie die Nur-negativ-Nachrichten und Politmagazine nicht mehr ertragen können und sich gelegentlich in die heile Welt der Tierfilme flüchten, kennen Sie vielleicht den Klassiker, in dem verschiedene Tiere, darunter Elefanten, angeblich nach dem Konsum fermentierter Früchte des Marulabaumes betrunken durch die Savanne stolpern und dabei allerlei unterhaltsamen Unsinn anstellen. Das sambische Bier „Amarula" wirbt auch mit der Vorliebe der Elefanten für die Frucht, aus der es gebraut wird.

Nun wird der Wahrheitsgehalt dieser schönen Geschichte in Frage gestellt – alles manipuliert? Dies legt zumindest eine Studie von Physiologen der Universität Bristol um Steve Morris nahe, die bald in der Zeitschrift „Physiological and Biochemical Zoology" erscheinen wird.

Zunächst: Wie kommt der Alkohol in die Frucht? Unsere Freundin, die Hefe, versucht unter Ausschluss von Sauerstoff die Energie gefallener, überreifer Früchte für sich zu reservieren, indem sie deren Zucker in Alkohol umwandelt. Nur wenigen Hefekonkurrenten ist damit die Energie der Frucht noch zugänglich, denn Alkohol ist für sie ab einer gewissen Dosis giftig. Danach macht Alkohol höchstens drei Prozent des Gewichts der Frucht aus.

Elefanten wiegen bekanntlich sehr viel. Nehmen wir an, ihre Physiologie ist der des Menschen ähnlich, was in puncto Alkohol noch ungenügend erforscht ist. Dann müsste ein drei Tonnen schweres erwachsenes Tier etwa 10 bis 27 Liter Sieben-Prozentiges innerhalb kurzer Zeit trinken, um betrunken zu wirken (1,5 Promille). Das entspricht wenigstens 1200 überreifen Marulafrüchten, um besagten Elefanten torkeln zu lassen. Dazu müsste er ausschließlich diese hochalkoholisierten Früchte fressen, und zwar viel mehr, als er normalerweise an einem Tag fressen kann (nämlich etwa ein bis zwei Prozent seines Körpergewichts). Unwahrscheinlich. Sehr unwahrscheinlich. Schade. Es war so eine unterhaltsame Geschichte.

Vielleicht denken Sie beim Konsum der Früchtebowle am Silvesterabend an die doch nicht betrunkenen Elefanten Afrikas und ein weiteres verlorenes Fernseherlebnis aus der Jugend. Wie dem auch sei, ein fröhliches neues Jahr – oder in Swahili: heri za mwaka mpya.

7 Homo sapiens – der große Imitator

Homo sapiens ist ein langsamer Brüter. Im Vergleich zu anderen größeren Säugetierarten sind neun Monate Schwangerschaft recht lang. Damit nicht genug. Wir sind Nesthocker, die viele Jahre von den Eltern durch „soziales Lernen" fit fürs Leben gemacht werden müssen. Wenn Ihr 30-jähriger Sohn immer noch nicht die Füße vom elterlichen Sofa bekommt, wissen Sie, wovon die Rede ist. Aber ohne diese Lehrzeit hätten wir keine Überlebenschance, auch Dschungelkind Mogli nicht.

Die Entwicklung kognitiver Fähigkeiten bei Schimpansen und Menschen geht etwa gleich schnell voran – zumindest in den ersten 18 Monaten. Erst mit dem Spracherwerb überholen Kinder Schimpansen. Lernen bedeutet hauptsächlich Nachahmen. Vielleicht sind wir sogar allzu gute Imitatoren, Schimpansenkinder scheinen dabei besser zu überlegen.

Dies zeigt eine in der Zeitschrift „Animal Cognition" veröffentlichte Studie von Victoria Horner und Andrew Whiten von der University of St. Andrews. Den Kindern von Homo und Pan wurde vorgemacht, wie aus einer undurchsichtigen, scheinbar komplizierten schwarzen Kiste mit verschiedenen Klappen und Riegeln eine Belohnung herausgeholt werden kann. Dann in einem zweiten Experiment aus einer ähnlichen, aber durchsichtigen Kiste. Der Trick war, dass der Experimentator in beiden Fällen nicht den schnellsten Weg vormachte, sondern absichtlich an der Kiste klopfte oder unnötige Klappen öffnete und Riegel bewegte.

Dann ermutigten die Wissenschaftler ihre Versuchsobjekte, sich die Belohnung aus der Kiste zu holen. Bei der schwarzen Apparatur konnte den Homo- und Pankindern nicht unbedingt klar sein, was wirklich notwendig war, um an die Belohnung zu kommen, bei der durchsichtigen Apparatur schon. Schimpansen- wie Menschenkinder imitierten bei der undurchsichtigen Apparatur nicht nur alle notwendigen, sondern auch die überflüssigen Bewegungen des Experimentators. Aber bezeichnenderweise haben die Schimpansen bei der klaren Apparatur die unnötigen Schritte eher weggelassen und sind schneller an die Belohnung gekommen als die Menschenkinder, die vollständiger, aber „kopfloser" imitierten. Ursache und Wirkung schien Pan klarer zu sein.

Möglicherweise wollen die Kinder nur dem Experimentator schmeicheln, indem sie ihn „über Nachmachen". (siehe Couch oben?) Dieses Verhalten scheint menschenspezifisch zu sein und ist uns schwer auszutreiben.

8 Praktische Philosophie? No, thanks!

Da ich hauptsächlich in den USA studiert habe, ist mir – als Naturwissenschaftler – ein Ph.D.-Titel verliehen worden. Ich bin also Doctor of Philosophy.

Dies ist ein Anachronismus des amerikanischen Universitätssystems, welches sonst meist schneller auf gesellschaftliche Veränderungen reagiert als das hiesige. Es hat viele Humboldt'sche und noch ältere Traditionen aufrechterhalten. Im Mittelalter gab es zunächst keine naturwissenschaftlichen Fakultäten, sondern nur juristische, medizinische, theologische und eben philosophische.

Zugegeben, mich hat Philosophie nie sonderlich interessiert. Da bin ich in guter Gesellschaft. Der berühmte Caltech-Physiker und Nobelpreisträger Richard Feynman sagte einmal „Philosophie ist so nützlich für Naturwissenschaftler wie Ornithologie (Vogelkunde) für Vögel." Im täglichen Leben eines Labors spielt Philosophie keine große Rolle. Gut, als Student habe ich in Berkeley zur Horizonterweiterung Paul Feyerabend gehört, und Thomas Kuhn und Karl Popper habe ich auch gelesen. Aber – da verkehre ich wohl in den falschen Kreisen – ich kann mich an nur sehr wenige Gespräche über deren Gedanken erinnern oder gar die von Sokrates, Platon oder Aristoteles. Letzterer lag grottenfalsch mit seinen Naturbeschreibungen, warum sollte dann viel vom Rest stimmen? So fragt sich zumindest ein Naturwissenschaftler.

Die Wissenschaft schreitet sehr schnell voran, was dazu führt, dass in einigen Disziplinen die Erkenntnisse von vor fünf Jahren oft schon im Detail widerlegt sind. Ältere Zeitschriften können beruhigt entsorgt werden. Schnell werden falsche Ideen ins geschichtliche Nirwana verbannt. Daher ist uns der Ansatz, 2500 Jahre alte Gedanken genau zu analysieren, fremd. Warum falsche Vorstellungen der Altvorderen lehren? Was etwa Linguisten und Biologen über die Entstehung der Sprache herausgefunden haben, widerlegt fast alles, was Nietzsche oder Heidegger dazu gesagt haben. Nur wird das immer noch gelesen und im philosophischen Seminar erörtert. Wenn Philosophen über naturwissenschaftliche Themen sinnieren, dann bitte schön auch mit solcher Expertise.

Erstaunlicherweise gibt es sogar „praktische" Philosophen – das klingt schon wie eine Antinomie. Sie beschäftigen sich auch mit ethischen Problemen und Bewertungsfragen der Wissenschaft. Wie können sie glauben, dies „erdenken" oder erforschen und über Wissenschaft urteilen zu können, ohne je auch nur einen Fuß in ein aktives Labor gesetzt zu haben? Man ist geneigt zu glauben, dass diese Kreter alle Lügner sind. Aber beweisen kann ich diese Aussage nicht, denn von Philosophie verstehe ich nichts.

9 Auch Sprachen evolvieren

Alles mutiert und evolviert, auch die Sprache – und das ist nur natürlich. Heute wird auch in deutschen Zeitungstexten mit großer Selbstverständlichkeit „gegoogelt", und – fast – jeder weiß, was damit gemeint ist. Dabei gibt es die Internetsuchmaschine mit ihrem Phantasienamen erst seit wenigen Jahren. Jetzt gibt es nicht nur ein neues amerikanisches, sondern auch ein neues deutsches Verb. Auch wenn man im Internet mit Konkurrenten wie Lycos oder Yahoo sucht, „googelt" man, denn aus den Namen der Konkurrenzfirmen entstanden keine Verben für die Internetrecherche. Klebefilm wird ja auch nicht nur von einer Firma hergestellt. „Tesa" wurde aber zum „Überbegriff für transparenten Klebefilm in Deutschland, so wie „Scotch" in den USA. Die Synonymisierung seines Markennamens mit einem Produkt ist der Traum jedes Unternehmers.

Evolution, wohin man auch blickt: Der Stärkere, Schnellere, Bessere, Effizientere, Genauere oder manchmal einfach nur der Zufall setzt sich durch in der Biologie, Wirtschaft und auch in gewissem Maße in der Sprache.

Warum sollte dieser natürliche Prozess des ständigen Entstehens neuer Wörter, ihrer Migration in andere Sprachräume und ihrer Integration in diesen aufgehalten werden? Gene scheinen sich in natürlicher Population ähnlich zu verhalten wie Wörter. Sicher haben durch Popmusiksender wie MTV und das Internet das globale Ausmaß und die Geschwindigkeit dieser evolutiven Prozesse zugenommen. Aber Sprachen sind seit jeher veränderlich, sie waren wahrscheinlich noch nie „rein" und reflektieren nicht nur die Geschichte und Wanderungen ihrer Sprecher, sondern auch die ihrer Nachbarn, Handelspartner oder Sklaven.

Regelmacherei für die vermeintliche Reinhaltung der Muttersprache scheint nutzlos, vielleicht sogar kontraproduktiv. Gerade im Zeitalter der Globalisierung sollten andere Sorgen Präferenz haben. Außerdem scheinen die Hüter der deutschen und französischen Sprache zu vergessen und können sich damit trösten, dass nicht nur Deutsch immer mehr zu „Denglish" evolviert. Auch Germanismen infiltrierten das Englische – wie es viele Wörter mit französischen Wurzeln im Englischen gibt – und tun es noch, wenn auch wohl in geringerem Maß als umgekehrt.

Diese Sprachevolution ist nicht neu. Es schreibt auch niemand mehr wie Martin Luther. Aber keine Sorge, wir werden auch in Zukunft eher wie er als wie George Washington reden, denn Vokabeln (vergleichbar den Genen) mutieren und wandern schnell, Grammatik (wie Interaktionen zwischen Genen) dagegen vergleichsweise langsam. Auch da scheinen sich biologische und kulturelle Prozesse zu ähneln.

10 Von Ken, Barbie und Wildtypen

Naturwissenschaftlern sagt man wenig Humor nach. Ein Vorurteil, wie die Namensgebung neuer Mutanten und Gene beweist. Da glänzen Biologen mit Phantasie, Humor und Bildung.

Wie werden Mutanten entdeckt oder gemacht? Entweder findet man auffällige Individuen in natürlichen oder Laborpopulationen oder induziert sie mit Röntgenstrahlen oder Mutationen erzeugenden Chemikalien. Diese genetischen Veränderungen resultieren manchmal in veränderten Nachkommen, die oft bildhafte oder auch lustige Namen bekommen.

Beispiele? „Tinman" ist eine Zebrafischmutante ohne Herz, wie Tin Woodman im „Wizard of Oz" von Frank Baum. „Yuri"-Mutanten (Yuri Gagarin war der erste Kosmonaut) haben Probleme mit

Balance und Schwerkraft. „Ken"- und „Barbie"- Fliegenmutanten haben keine äußeren Genitalien, eben wie die Puppen gleichen Namens. „Fruity"-Fliegenmännchen interessieren sich nicht für Weibchen (fruity ist US-Slang für schwul).

„Wildtypen" dagegen sind typische Individuen, also der „Normalzustand". Eine problematische Bezeichnung wegen der Variation in allen Populationen. Mutanten können entdeckt werden, eben weil jede Taufliege anders ist – wie auch kein Mensch genetisch dem anderen ganz gleicht. Es bleibt die Frage: Was ist eigentlich „normal"?

11 Was heißt eigentlich H5N1?

Viren bestehen nur aus einer Proteinhülle und darin verpacktem genetischem Material. Sie sind daher keine wirklichen Lebewesen. Diese Krankheitserreger können sich im Gegensatz zu Bakterien nicht selbst vermehren, sondern sind dazu auf die Maschinerie der Zellen angewiesen. Dafür müssen sie an deren Oberfläche andocken und ihr genetisches Material in deren Inneres bringen. Dort veranlasst es die Zellen, neue Viren herzustellen, was sie selbst zerstört.

Drei Forschergruppen aus Memphis unter der Leitung von Clayton Naeve stellen in der aktuellen Ausgabe von „Science" vergleichende Genanalysen vor. Ziel ist, zu verstehen, was die besondere Ansteckungsgefahr der berüchtigten H5N1-Variante des Vogelgrippevirus AIV („avian influenza virus") für den Menschen ausmacht. Dazu wurden 2.196 neue Gene und 169 komplette Virengenome aus 336 unterschiedlichen Kulturen von verschiedenem Federvieh und Menschen neu bestimmt und mit bekannten Sequenzen verglichen. Insgesamt wurden 3.702.178 Nukleotide (die Grundbausteine von RNS und DNS) den Trägern der Erbanlagen sequenziert, das heißt, ihre Abfolge wurde festgestellt. Das verdoppelt die bisherige Datenbasis.

Vogelgrippeviren bestehen aus acht sich sehr schnell verändernden RNS-Genen, die für elf verschiedene Proteine kodieren. Deren große Veränderbarkeit und die Fähigkeit, Gene mit anderen Viren bei Doppelinfektionen auszutauschen, sind die gefährlichen evolutionären Waffen der Viren, denn so entkommen sie dem Immunsystem ihrer Wirte.

Das „H“ (genauer „HA“) steht für ein Gen namens Hämagglutinin und „N“ (genauer „NA“) für Neuraminidase, ein Enzym des Virus, das die Entstehung von Tochterviren aus der befallenen Zelle befördert. Bekannte H- und N-Typen, so werden sie klassifiziert, enthalten viele Untertypen, die sich nur mit komplexen Methoden feststellen lassen. Nur bestimmte dieser sogenannten Oberflächenglycoproteinvarianten erlauben es einem Virus, sich nicht nur an Vogelzellen, sondern auch an menschlichen anzulagern, wie bei der Variante H5.

Die Einteilung in die bisher bekannten 25 H- und N-Typen reicht nicht aus, um zu verstehen, welche Mutationen dem Virus erlauben, den Menschen zu befallen. Die Sequenzvergleiche und evolutionären Stammbaumanalysen erlauben nun, einige vermutlich zur Ansteckungsgefahr beitragende wichtige Mutationen zu identifizieren. In Deutschland gibt es leider keine vergleichbar großen Genomzentren.

12 Unattraktives Image der Forscher

Eigentlich sollte diese Meldung der BBC nicht überraschen: Das „Science Learning Centre“ in London fand heraus, dass etwa 70 Prozent von 11.000 befragten Teenagern sich Wissenschaftler nicht als „normale junge attraktive Männer und Frauen“ vorstellen. Als Gründe, warum Schüler nicht Wissenschaftler werden wollen, werden unter anderem genannt: „weil man ununterbrochen deprimiert und müde“ sei und keine Zeit für die Familie habe und „weil Wissenschaftler dicke Brillengläser haben und weiße Laborkittel tragen“. Sicher, viel davon trifft zu.

In der Zeitschrift „New Scientist“ wurde vor Kurzem berichtet, dass sich die meisten der englischen Jugendlichen den Wissenschaftler als den „mad scientist“, den verrückten Wissenschaftler, vorstellen, wie sie ihn üblicherweise von Hollywood präsentiert bekommen. Dies verwundert nicht. Denn, wenn Wissenschaftler in einem Film vorkommen, werden sie manchmal – aber seltener – als unrealistischer Held wie Indiana Jones (so ein cooler Kollege ist mir zumindest noch nie begegnet) oder als Computergeek dargestellt, der die Welt oder zumindest die attraktive blonde Assistentin rettet (auch die sind in der akademischen Realität äußerst selten). Häufiger werden Wissenschaftler eher als trottelige, wirrköpfige, weltfremde, gehemmte und verklemmte Soziopathen dargestellt. Die werden dann bestenfalls von Jerry Lewis oder Eddy Murphy gespielt oder schlimmer – aber schauspielerisch besser – als „Dr. Strangelove“ von Peter Sellers. Wo bleiben nur die Brad Pitts und Tom Cruises der Wissenschaft?

Jugendliche brauchen Vorbilder, nach denen sie sich orientieren. Und Deutschland braucht Wissenschaftler. Außer klugen Köpfen hat dieses Land nun einmal keine nennenswerten Rohstoffe zu exportieren. Klar sollte sein, dass Wissenschaft auch nur von ganz normalen Menschen gemacht wird, die leider auch von ganz normalen Emotionen beherrscht sind: Ehrgeiz, Neid, Missgunst und psychologische Unsicherheiten. Dies macht den täglichen Wissenschaftsbetrieb vermutlich nicht angenehmer als die Arbeit in einer Behörde, einem Unternehmen oder einer Zeitungsredaktion. Aber die wirklich guten

Wissenschaftler sind sicherlich überdurchschnittlich neugierig, intelligent, diszipliniert, fleißig und motiviert. Die Besten unter ihnen stellen Autoritäten in Frage (denn wie sollten sie sonst scheinbar Bekanntes als falsch entlarven und Neues entdecken?) – und sie wollen von Langeweile, Machtspielen, Bürokratie und Kommissionsarbeit nichts wissen.

Hierzulande wird löblicherweise von den Medien ernsthaft versucht, Wissenschaft interessant und spannend darzustellen. Im Vergleich zu den USA beispielsweise gibt es bei uns glücklicherweise eine große Zahl an Zeitungen und Zeitschriften, die informiert über Wissenschaft berichten. Auch im Fernsehen sind Wissenschaftssendungen omnipräsent. Leider, aber vielleicht muss das so sein, haben diese Sendungen immer Titel wie „Abenteuer dies“ und „Geheimnis oder Mythos das“. So verkommt auch die Verleihung des Innovationspreises zu einer Glamourparty mit spärlich bekleideten Assistentinnen. Immerhin noch besser als gar nichts.

Trotzdem fehlt etwas. Wo sind die Vorbilder für die Jugend? Es gibt keine wirklichen Wissenschaftler mehr als Vorbilder im Fernsehen. Bernhard Grzimek, Jacques-Yves Cousteau und Hoimar von Ditfurth sind tot, Heinz Sielmann wird bald 90. Dem Zuschauer werden wissenschaftliche Themen stattdessen von attraktiven, meist jungen Moderatoren vermittelt, die aber selber direkt nichts mit Wissenschaft zu tun haben. Kein Wunder daher, dass mehr Jugendliche Fernsehstar werden wollen als Wissenschaftler.

13 Darwin zum Geburtstag (12.2.1809)

Die Evolutionsbiologen feierten am Dienstag „Darwin Day", zwei Tage nach seinem Geburtstag. Wenn Sie sich fragen: „Warum sollten mich Darwin und die Evolutionsbiologen interessieren?", dann schauen Sie doch einmal auf Ihre Hände. Und dann schauen Sie sich im Büro um. Ist Ihnen aufgefallen, dass alle Kollegen auch fünf Finger haben? Merkwürdig, oder? Ansonsten unterscheiden sie sich doch auch in Haut-, Augen- und Haarfarbe und Körpergröße. Aber nicht in der Zahl der Finger.

Was führte zu so viel Gleichheit – außer vielleicht dem abwegigen Grund, dass Gott auch fünf Finger hatte, als er uns nach seinem Antlitz schuf? Warum ist die Evolution also anscheinend bei fünf stehen geblieben? Sonst, so sollte jedermann mittlerweile bekannt sein, ist Variation doch das Öl der Evolution. Ohne Unterschiede fände keine Auslese und damit keine Evolution statt. Gleichheit aller bedeutet Stillstand.

Ist der in Tierfilmen oft propagierte angebliche Drang zur Perfektion verantwortlich? „Fünf" ist aber nicht per se immer besser als zwei, drei oder sechs. Konzertpianisten oder ein Olympia-Schwimmer wären vielleicht froh über mehr als fünf Finger. Grundsätzlich: Nichts ist perfekt! Das werde ich ein anderes Mal begründen.

Optimalität kann also kaum der Grund für die fixierte Zahl „Fünf" sein. Heutzutage werden Finger von den meisten Menschen in der meisten Zeit des Tages nur zum Tippen auf einer Computertastatur benutzt. Ein zweiter Blick ins Büro zeigt, dass, wenn nur zwei der zehn Finger zum Tippen benutzt werden, kaum von Perfektion die Rede sein kann.

Ernsthaft: Natürlich liegen die Gründe für die fast universelle Pentadactylie, die Fünffingrigkeit – bitte schön, zählen Sie bei Ihrem Hund oder Ihrer Katze nach – viel tiefer. Als vor etwa 380 Millionen

Jahren unsere Fischvorfahren das Land besiedelten, haben sie sich mit ihren Extremitäten vom Boden abgestützt. Mit weichen Flossenstrahlen geht dies weniger gut. Es gab mehrere evolutionäre Linien, die damals ihr Glück auf dem Land versuchten. Von Fossilienfunden weiß man, dass es einige mit sieben, acht oder sogar zwölf Fingern gab. Aber zufälligerweise hinterließen allein die fünffingrigen Fische bis heute Nachfahren. Von denen stammen nicht nur die Säugetiere, sondern auch alle Amphibien, Reptilien und Vögel ab – und haben deshalb, zumindest ursprünglich, genau fünf Finger. Bei einigen gingen Finger nachträglich verloren, siehe Hühnerflügel oder Pferdehufe beispielsweise. Aber es gibt keines (außer dem Panda, ein Sonderfall) mit mehr als fünf Fingern.

Also, zufällig hatte unser ältester gemeinsamer Fischvetter fünf Finger. Dieses entwicklungsbiologische Programm „Fünf" wurde dann festgeschrieben.

14 Zu viel des Guten und sehr Guten

In den USA gibt es eine Radiosendung über das fiktive Städtchen Lake Wobegon in Minnesota, die stets mit dem Satz endet: „That's all the news from Lake Wobegon, where all the women are good looking, all the men are strong, and all the children are above average."

Selbstverständlich ist nicht jedes Kind überdurchschnittlich. Auch wenn bei der Zulassung zum Biologiestudium beispielsweise schon ausgesiebt wird, gibt es immer wieder eine Gauß'sche Normalverteilung des Fleißes, der Begabung und anderer Faktoren, die zu einer Normalverteilung über dem Durchschnitt beitragen. Der Durchschnitt bei Noten von Eins bis Sechs sollte Drei sein. Trotzdem erhalten in Deutschland fast zwei Drittel aller Biologiestudenten eine

Eins. Durchschnitt: 1,3. Eine Eins in meinem Fachbereich ist nicht nur die bestmögliche, sondern auch die erwartete Note. Damit wird Notengebung zur Farce, und die wirklich „Guten“ und „sehr Guten“ werden benachteiligt, weil man sie nicht mehr von den Mittelmäßigen (Dreierkandidaten) unterscheiden kann. Die Biologie steht nicht alleine: die Absolventen in Psychologie (1,4), Philosophie (1,5), Geschichte (1,6), Physik (1,4) und Chemie (1,5) scheinen alle „weit überdurchschnittlich“ zu sein. 95 Prozent der Abschlüsse in den Geisteswissenschaften werden mit „sehr gut“ und „gut“ bedient. Diese Entwicklung hat wohl maßgeblich damit zu tun, dass sich Professoren nicht trauen, schlechtere Noten als die Kollegen zu verteilen, weil sonst die Diplomanden wegbleiben.

Ganz anders die Rechtswissenschaften! Eine Eins ist da fast unbekannt (nur 0,1 Prozent der Kandidaten), die Durchschnittsnote republikweit ist 3,3, und 92 Prozent aller Noten sind „befriedigend“ oder „mangelhaft“. Etwa ein Drittel aller Staatsexamenskandidaten besteht nicht. Auch wenn es mir als Naturwissenschaftler schwerfällt, muss ich doch den Juristen (genauer: den Landesjustizprüfungsämtern) mal Recht geben: „Befriedigend“ sollte die Note eines durchschnittlichen Studenten und „Sehr Gut“ die für wirkliche Überflieger sein. Denn die Inflation der Noten weckt falsche Hoffnungen. Am Ende wird der durchschnittliche Biologe mit einer Eins im Diplom bestenfalls einen Job als Pharmareferent erhalten, während ein begabter Jurist mit Note „Gut“ sich die Starkanzlei mit einem Mehrfachen des Gehalts des Einser-Biologen aussuchen kann.

Wir müssen zurück zu ehrlichen Noten und aufhören, den Studenten etwas vorzumachen. Die meisten sind durchschnittlich, und Deutschland ist nicht Minnesota.

15 Brain-Drain und Brain-Gain

Wissenschaft ist ein internationales Geschäft. Das Wort „Geschäft" benutze ich ganz bewusst, denn auch die „nutzlose" Wissenschaft schafft Arbeit, richtige Jobs, keine aus Steuergeldern bezahlten.

Seit der Nazizeit ist Deutschland in diesem internationalen Wettbewerb unter dem Strich auf der Verliererseite. Früher kamen die klügsten Köpfe der Welt, um bei uns zu studieren. Hier wurde die beste Forschung gemacht, sammelte man Nobelpreise. Man sprach Deutsch neben Englisch in der Wissenschaft. Ab 1933 verloren wir die jüdischen Forscher, weil sie entlassen und ins Exil getrieben oder sogar ermordet wurden. Nach Kriegsende sicherten sich die Alliierten die besten Forscher wie Wernher von Braun, Vater der Mondlandung, der von Peenemünde nach Houston zog.

Wir haben noch viele exzellente Köpfe und international kompetitive Arbeitsgruppen, alle paar Jahre auch einen Nobelpreisträger. Aber die einstige wissenschaftliche Vormachtstellung hat dieses Land nicht wieder erlangt und wird sie vielleicht auch nie wieder erreichen. Es nützt doch nichts, sich und anderen diesbezüglich in bildungspolitischen Sonntagsreden etwas vorzumachen.

Was mach(t)en wir falsch, und was können wir ändern? Viel. Sogar kostenneutral. Hier nur ein Aspekt des „Brain-Drains". Als Exportweltmeister verkaufen wir Waren ins Ausland. Das ist gut: Es fließen Gewinne nach Deutschland, und Steuern werden generiert. Leider exportiert unser Land aber auch immer noch viele unserer klügsten Köpfe. Umsonst! Nein, sogar mit großem Verlust, denn diese sind hier kostenfrei ins Gymnasium gegangen und haben hier kostenfrei studiert, bevor sie ihre Intelligenz ins Ausland, meist in die USA, verpflanzten, wo sie zu deren Ruhm und Wirtschaftswachstum beitragen. Möglich macht das der deutsche Steuerzahler, denn Universitäten sind teuer, gute sogar sehr teuer.

Schlimmer: Unsere Steuern subventionieren die amerikanische Forschung direkt, denn die meisten abwandernden Jungforscher werden mit deutschen Stipendien versorgt. Dies sind unsere besten Studenten – der wertvollste Rohstoff Deutschlands. Ihre Exzellenz haben sie ja durch das Erlangen eines Stipendiums bewiesen.

Etwa 30 Prozent von ihnen bleiben für immer weg. Aus vielerlei Gründen, aber vor allem auch, weil es nicht genug Stellen an deutschen Universitäten gibt. Sie könnten also gar nicht zurück, selbst wenn sie wollten. Sicherlich profitiert Deutschland von den Rückkehrern, die im Ausland dazugelernt haben. Aber ist dieser Profit größer als der Verlust durch die Emigranten?

Es geht darum, die besten Forscher, egal welche Farbe ihr Pass oder ihre Haut hat, wieder ins Land zu bekommen, aber eben und gerade auch die deutschen. Meine These: Wenn das Geld für Auslandsstipendien stattdessen für neue Stellen an den Universitäten investiert würde, dann hätten wir – kostenneutral – weniger Brain-Drain und mehr Brain-Gain.

16 Seitensprünge der Evolution

Ein kleiner Beitrag zum gestrigen Weltfrauentag. Männchen sind „easy", denn Spermien kosten weniger Kalorien in der Produktion als Eizellen. Weil also Weibchen mehr Energie in den Nachwuchs investieren, sind sie bei der Paarung wählerischer als Männchen. Es zahlt sich für sie im Sinne genetisch hochwertigeren Nachwuchses aus, einen besonders guten Vater auszusuchen. Da dies für fast alle Tierarten gilt, müssen Männchen um die Gunst der Weibchen kämpfen oder balzen. Da Weibchen nur eine bestimmte Zahl Eier legen können, sind diese die limitierende Ressource. Ein Männchen aber kann mit einem einzigen Ejakulat – theoretisch – Millionen Eier befruchten. Deshalb ist auch die Bandbreite der genetischen Fitness der Männchen größer, denn einige wenige Paschas können sehr viele Nachkommen zeugen, andere reproduktiv leer ausgehen. Säugetier-Männer können und brauchen oft nicht viel zum Reproduktionserfolg beitragen und können nach der Befruchtung desertieren.

Doch bei Vögeln erwartet man Monogamie, denn oft kann nur ein Paar gemeinsam die Eier ausbrüten und die Jungen aufziehen. Ein Männchen, das sein Weibchen auf befruchteten Eiern sitzen ließe, um ein zusätzliches Weibchen zu finden, schadete somit der eigenen Fitness. Also müssen Vogelmänner monogam sein – dachte man. Konrad Lorenz hielt uns die lebenslang monogamen Graugänse als bessere Menschen vor.

Aber neuere Vaterschaftsanalysen zeigen, dass Kuckuckskinder bei 90 Prozent der untersuchten Vogelarten zu finden sind. Obwohl Fremdgehen für Vogelweibchen zunächst sinnlos scheint: Warum sollten sie sich auf das schönste Männchen mit dem besten Revier festlegen, um, wie 54 Prozent der Blaumeisenweibchen (aber nur 32 Prozent der -männchen), es zu betrügen? Es scheint also nicht nur um „gute", sondern auch um „andere" Gene zu gehen. Mehrere Väter eines Geleges bedeuten für das Weibchen größere und wohl vorteilhafte genetische Variation der Jungen. Besonders genetisch heterogene Junge schlüpfen besser aus dem Ei, leben länger, haben bunteres Gefieder und legen größere Gelege, wie Langzeitstudien am Max-Planck-Institut für Ornithologie an Blaumeisen zeigten.

Übrigens, lesenswerte, teilweise überraschende Anekdoten erzählt der Biologe Matthias Glaubrecht in seinem Buch „Seitensprünge der Evolution". Erfahrung scheint auch zu zählen, denn 40 Prozent der älteren, aber nur 16 Prozent der jüngeren Männchen gingen erfolgreich fremd – wohlgemerkt bei Blaumeisen.

17 Madagaskar (Teil 1) – „La Grande Île"

„Salut vazaha" – so werden „weiße" Besucher auf der Insel Madagaskar, dem Land, wo der Pfeffer wächst, begrüßt. Eine Mixtur aus Französisch und Madagassisch. Die viertgrößte Insel der Welt ist nicht nur das Land des Pfeffers, sondern auch der Meerkatzen – die keine Katzen, sondern Lemuren sind, ein früher Ast der Primaten. Die Insel beherbergt eine ganz eigene Fauna und Flora. Ein Paradies für Biologen.

Inseln sind biologisch immer interessant, denn sie sind oft evolutionäre Experimente, unabhängig von der Entwicklung auf den Kontinenten. Man kann durch ihr Studium sehen, ob, und wenn ja, wie sich die Evolution wiederholt. Arten, die es schafften, Inseln zu besiedeln, haben oft viele neue Arten hervorgebracht und ökologische Nischen besetzt, die sonst von anderen Tiergruppen eingenommen werden. Dies macht Inseln einzigartig.

Ihre Abgelegenheit führt dazu, dass keine oder nur sehr selten Tier- oder Pflanzensiedler ankommen und sich erfolgreich fortpflanzen. Damit kommen auch keine neuen Gene an, und die Evolution muss mit dem arbeiten, was sie hat. So auch in Madagaskar.

Vor etwa 165 Millionen Jahren trennten sich Madagaskar und Indien von der riesigen Landmasse, die heute Afrika genannt wird. Vor 80 Millionen Jahren dann spaltete sich das heutige Indien von Madagaskar ab und raste über den Indischen Ozean auf Eurasien zu. Beim Zusammenprall warf es das Himalaja-Gebirge auf. Indien ließ „La Grande Île" etwa 400 km östlich von Mozambique im Indischen Ozean zurück.

Zusammen mit den beiden Inseln wanderte die ursprüngliche Flora und Fauna seit dem Jura isoliert im Indischen Ozean umher. Deshalb finden sich so viele einzigartige Tiere nur auf Madagaskar und manchmal ihre nächsten Verwandten in Indien – statt in Afrika, obwohl dies sehr viel näher liegt. Dies trifft zumindest auf Süßwasserfische und einige andere Tiergruppen zu.

Eine der ungewöhnlichsten Säugetier-Gruppen des Tierreichs lebt nur auf Madagaskar: die Tenreks. Zu diesen gehören Arten, die unseren heimischen Igeln und auch Spitzmäusen in Form und Ökologie, also ihren Wechselbeziehungen zur Umwelt, täuschend ähneln, aber verwandtschaftlich nichts mit ihnen zu tun haben. Die Evolution hat sich wiederholt – man nennt dies Konvergenz. Die nächsten Verwandten der Tenreks sind ein unglaublich erscheinendes Gemisch: die „Afrotheria", zu denen Erdferkel, Elefant, Seekuh und auch Klippschliefer zählen. Diese äußerlich völlig ungleiche Sippschaft ist vor etwa 50 Millionen Jahren entstanden und erst seit fünf Jahren durch vergleichende Genanalysen erkannt worden.

Wie schön, dass es immer noch so viel Neues zu entdecken gibt!

18 Madagaskar (Teil 2) – Invasionen

Der zweite Bericht von der Pirateninsel handelt von der Beziehung zwischen Mensch und Tier, die schon immer eine schwierige war: Der Mensch siegt immer und zerstört dabei oft, was er liebt und was ihn erhält. Die Fauna und Flora von Inseln sind oft einzigartig. Das macht sie besonders wertvoll, aber oft auch besonders empfindlich gegen die Invasion fremder Arten. Ganz besonders schädlich ist der Mensch. Aber auch Ratten, Ziegen, Tilapias, Katzen und viele andere gewollt oder ungewollt eingeführte Arten haben zur Ausrottung der einheimischen beigetragen. Die menschliche Besiedlung der Pfefferinsel fand wohl erst recht spät statt, obwohl Hinweise für die Existenz von Vazimba genannten Ureinwohnern zu finden sind. Nachdem Homo sapiens vor etwa 2 000 Jahren aus Indonesien und Malaysien angekommen war, später auch Afrikaner und Araber, starben bald die auffälligsten Arten der Megafauna aus – zum Beispiel die vier oder fünf Arten der flugunfähigen Elefantenvögel: mit 500 Kilogramm Gewicht und über drei Meter Höhe vielleicht die größten Vögel, die je auf dem Planeten lebten. Ein ähnliches Schicksal widerfuhr den Moas, den Riesenvögeln Neuseelands. Übrig blieben nur wenige Skelette und Rieseneier – in Museen. Auch das Miniflusspferd und die gorillagroßen Riesenlemuren wurden schon von den ersten Europäern, die vor 500 Jahren erfolgreich Piratenbasen etablierten, nicht mehr gesehen.

Die französischen Kolonialherren leisteten mit dem Bau der Eisenbahnen ihren Teil zur Erschließung des Landes und damit der umfangreichen Abholzung. Heute ist das Hochplateau fast vollkommen baumlos, und jeder brauchbare Quadratmeter wird zum Anbau von Reis genutzt. Den 17 Millionen Einwohnern Madagaskars mit einem durchschnittlichen Jahreseinkommen von nur 218 Euro kann man kaum einen Vorwurf machen – sie brauchen Holzkohle zum Kochen und Holz zum Bauen.

Übrig sind heute nur noch Waldfragmente und wenige Nationalparks für die einzigartige Fauna Madagaskars – Dutzende Arten von Lemuren, Chamäleons, Geckos und Hunderte von Fröschen. Sehr viele sind noch nicht einmal wissenschaftlich bekannt, so dass sie weder in Büchern stehen noch in Zoos überleben können. Doch ihr Wald wird gerodet, so dass die rote Erde Madagaskars zum Vorschein kommt, die dann ungehindert mit den Flüssen ins Meer fließt. Wenn in den nächsten Jahren nicht radikal die Umwelt geschützt wird – dies wird nur mit internationaler Hilfe, Ökotourismus wie in Costa Rica und der Einbindung der lokalen Menschenpopulation gehen –, dann wird diese einzigartige Fauna bald das Schicksal der Elefantenvögel ereilen. Unsere Kinder würden dann viele Tiere und Pflanzen nicht einmal aus Büchern oder Zoos kennen – die Welt wäre ein großes Stück ärmer.

19 Madagaskar (Teil 3) – Begehrte Opfer

Es geht uns um die Erfassung, Inventarisierung und Empfehlungen für die Primitivisierung von Maßnahmen zum Erhalt der Artenvielfalt Madagaskars. Die Nationalitäten im Team: Deutschland, Frankreich, Italien, Spanien, Südafrika, USA und natürlich Madagaskar. Wir sind mehr als 20, und es gab nur eine verfrühte Rückreise wegen eines mysteriösen Fiebers. Die taxonomische Expertise um den Braunschweiger Biologen Miguel Vences sind vor allem Wirbeltiere, insbesondere Amphibien und Reptilien. Auch Experten für Säugetiere und Fische sind dabei.

Keine Vogelkundler. Das trifft sich gut, denn der Tagesrhythmus der Froschforscher ist entgegengesetzt zu dem der Ornithologen. Letztere stehen vor Sonnenaufgang mit den Vögeln auf, während Froschmännchen in der Fortpflanzungszeit nachts quaken, um Weibchen zum gemeinsamen Ablaichen im Bach oder Tümpel zu bezirzen. Es ist Regenzeit, das bedeutet Schwierigkeiten, trockene Socken und Hosen zu finden. Horden von Mücken und Flöhen kenne ich schon aus anderen Weltgegenden. Landblutegel sind eine neue Erfahrung. Sie werfen sich von den Bäumen, oder krabbeln zwischen Socken und Hosen die Beine hinauf oder kriechen unbemerkt in den Hemdkragen. Wir hatten sie auch schon an Körperstellen, die normalerweise nicht der Sonne ausgesetzt sind, aber Gaumen, Nasenlöcher und Augen waren die unangenehmsten Futterplätze. Sie scheinen mich zu mögen, aber auch die Italienerin beschwerte sich, dass es gestern Nacht Egel regnete.

Die Froschrufe werden per Tonband aufgenommen, was bei der Unterscheidung schon bekannter von neuen Arten hilft. Denn jede Art hat ihren eigenen Ruf, Weibchen wissen, worauf sie hören müssen. Ein von der Volkswagenstiftung unterstütztes Forschungsprojekt ermöglichte die Erstellung einer CD mit den Rufen von über 200

Froscharten Madagaskars. Manchmal stehen wir minutenlang als Egelfutter reglos im Regenwald, um auf den nächsten Ruf zu warten. Diese Opfer bringen wir gerne, besonders für neue Arten, die immer noch zu entdecken sind.

Einige der gefangenen Objekte der Liebe und Begierde der Biologen werden für die Wissenschaft geopfert. Schmerzlos eingeschläfert, werden ihnen Gewebeproben für genetische und parasitologische Untersuchungen entnommen und die Froschleichen in Alkohol eingelegt. Die eine Hälfte wandert in madagassische Museen, die andere meist in deutsche. Anderen wird nur eine Zehe abgeschnitten, die schnell verheilt. Die genetischen Analysen helfen zu entscheiden, was wirklich neue Arten sind, wo die größte zu erhaltende genetische Variation vorkommt und welche Lebensräume daher unbedingt erhalten werden sollten. Madagaskars Präsident hat erkannt, wie wichtig es ist, Habitate als Nationalparks zu erhalten. So opfern diese Frösche ihr Leben für hoffentlich noch viele Generationen künftiger Kaulquappen.

20 Beten nützt statistisch nichts

Beten nützt nicht nur nichts, es scheint sogar gesundheitsschädlich zu sein. So stand es auf der Titelseite der „New York Times". Am 31. März, nicht am 1. April – da hätte die Meldung viel besser gepasst. Es ging nicht um persönliche Gebete oder solche für Verwandte oder Freunde, sondern um die Wirkung von Ferngebeten für Unbekannte.

Über 1800 Herzbypass-Patienten in sechs Krankenhäusern nahmen an der 10-jährigen Studie teil, deren Ergebnisse im „American Heart Journal" veröffentlicht wurden. Die Patienten wurden in drei gleich große Gruppen eingeteilt, von denen für zwei gebetet wurde. Aber nur der Hälfte der Patienten, für die gebetet wurde, wurde dies auch gesagt. Der anderen Hälfte wurde mitgeteilt, dass möglicherweise für sie gebetet würde, aber vielleicht auch nicht. Die Betenden kamen aus Massachusetts, Minnesota und Missouri, sie kannten nur den Vornamen und ersten Buchstaben des Nachnamens der Patienten. Sie konnten beten, wie sie wollten, mussten aber den Satz „Für eine erfolgreiche Operation und eine schnelle und gesunde Genesung ohne Komplikationen" einschließen.

Voilà! Die Daten scheinen statistisch dafür zu sprechen, dass Beten nicht nur nichts nützt, sondern möglicherweise sogar schadet! Denn 59 Prozent der Patienten, die wussten, dass für sie gebetet wurde, hatten postoperative Komplikationen, aber nur 51 Prozent der Patienten, die sich nicht sicher sein konnten. Eine Erklärung für diesen Trend ist vielleicht der durch die Erwartungshaltung möglicherweise erhöhte Stress bei den Patienten, die wussten, dass für sie gebetet wurde. Man fand auch Unterschiede in der Häufigkeit von Komplikationen. 18 Prozent der unsicheren, aber nur 13 Prozent der Patienten, für die nicht gebetet wurde, hatten große postoperative Komplikationen wie Herzinfarkte oder Schlaganfälle. Beide Ergebnisse sind wohl zufällig.

Finanziert (mit 2,4 Millionen Dollar!) wurde die Studie von der Stiftung des steinreichen Sir John Templeton. Sie fördert „Wissenschaft oder Entdeckungen über spirituelle Realitäten – was immer das sein mag. Der Templeton-Preis für Fortschritte in der Religion ist mit über einer Million Euro dotiert, höher als der Nobelpreis.

In den letzten sechs Jahren gab es in den USA wenigstens zehn Studien zur Effektivität des Betens – mit unterschiedlichen Ergebnissen, die – und das ist der eigentliche Skandal – insgesamt mit mehr als zwei Millionen Dollar Steuergeld finanziert wurden.

Schon 1872 hatte Francis Galton, der Mitbegründer der Statistik und berühmte Cousin zweiten Grades von Charles Darwin, in seinen „Statistischen Untersuchungen über die Effektivität des Gebets" gezeigt, dass sich diese nicht nachweisen lässt. Es gibt genügend schwierige wissenschaftliche Probleme, bei deren wiederholter Untersuchung nicht nur Hitze, sondern auch Licht produziert wird. Ob Beten funktioniert, gehört nicht dazu. Spätestens seit Galton ist dessen Ineffizienz statistisch eindeutig. Case closed.

21 Osterhasen und andere Bunnys

Zu Ostern ein Beitrag zum besseren Verständnis der fruchtbaren „Eier bringenden" Hasentiere, vulgo auch „Osterhasen" genannt. Etwa 80 Arten gehören zu dieser Ordnung kurzschwänziger Säugetiere, so auch Kaninchen und Hasen. Für die Geschichte mit den Eiern und dem Osterhasen gibt es einige – unbewiesene – kulturgeschichtliche Erklärungsversuche. Aber der Brauch könnte auch biologisch zu erklären sein: Regenpfeifer-Vögel lassen manchmal ihre Eier in verlassenen Hasenmulden im Acker liegen.

Vieles spricht dafür, dass die mit über 2.000 Arten überaus vielfältige Ordnung der Nagetiere, zu der auch die uns weniger willkommenen Mäuse und Ratten gehören, die nächsten lebenden Verwandten der Hasentiere sind. Vor etwa 65 Millionen Jahren hatten sie wohl ihren letzten gemeinsamen Vorfahren. Molekulare Untersuchungen sprechen dafür, dass die Schwestergruppe dieser Nager („Glires") die „Euarchonten" sind, dazu gehören unter anderem Fledermäuse, aber auch die Primaten, und zu denen wiederum zählt auch der Mensch. Wir sind also evolutionär mit dem Osterhasen recht eng verwandt. Mit Mäusen und Ratten allerdings auch. Die langen Ohren von Meister Lampe übrigens dienen nicht nur zum Hören, sondern auch zur

Thermoregulation. Hasen und Kaninchen können also überschüssige Körperwärme über sie abgeben. Deshalb sind die „Löffel" bei den Arten, die in kalten Regionen, nahe an den Polen leben, typischerweise kleiner als bei den Arten, die in wärmeren Regionen leben.

Eine interessante Besonderheit der Hasentiere ist die Position der Hoden. Darin unterscheiden sie sich ziemlich deutlich von ihren menschlichen Verwandten: Sie haben keinen Hodensack (Scrotum). Stattdessen liegen die Hasen-Hoden in beidseitig angelegten Taschen. Bei Rammlern, ähnlich wie bei Beuteltieren, befinden sie sich damit eher vor dem Penis und nicht wie bei allen anderen Säugetieren hinter dem Penis.

Die IUCN, die „World Conservation Union", macht sich berechtigte Sorgen um den Erhalt der Arten, die vom Aussterben bedroht sind. Dieses Schicksal scheint allerdings nur einigen Kaninchenarten zu drohen, aber nicht etwa den durch den Menschen eingeführten in Australien.

Apropos, glücklicherweise überhaupt nicht vom Aussterben bedroht scheinen die vor allem in Hollywood lebenden „Bunnys" zu sein. Übrigens, herzlichen Glückwunsch zum 80. Geburtstag, Hugh Hefner.

22 Wiedergeburt als Seegurke in Konstanz

Ich wohne und forsche in Konstanz. In der süddeutschen Provinz lebt es sich bequem ohne Großstadtprobleme. Aber sie bietet nicht unbedingt beste Voraussetzungen für Horizonterweiterungen oder den Standort einer Universität. Manchmal aber kommt intellektuelle Stimulans ganz unerwartet – wie neulich beim halbjährlichen Zähnereinigen.

Es war eine neue Dentalhygieneperson, die sich mit mir über Biologie „unterhielt", während sie mit spitzen Instrumenten die Spuren des Zahns der Zeit aus meinem Mund entfernte. Konversation beim Zahnarzt hat per se etwas erfrischend Absurdes – zumindest ist sie immer sehr einseitig.

Unvermittelt sagte sie mir, dass sie im vorherigen Leben eine Seegurke gewesen sei und nach dem jetzigen als Dentalhygienistin wieder als Seegurke geboren werden möchte! Selbst ohne spitze Geräte im Mund hätte ich nicht gewusst, wie man auf diese offensichtlich ernst gemeinte Aussage reagieren sollte – aber unter diesen Umständen war ich sprachlos. Vor Staunen habe ich wohl den Mund noch weiter geöffnet, so dass der Putzerfisch gründlicher zwischen meinen Kiemen reinigen konnte.

Sie fragte mich, was Seegurken fressen. Ich war versucht, die Frage zurückzugeben – schließlich hatte sie ja ein ganzes Leben als Seegurke verbracht und sollte es besser wissen als ich. Ich dachte an Karma und wusste nicht, ob es eine Belohnung oder Strafe ist, nach dem Dentalhygienedasein als Seegurke wiedergeboren zu werden. Es muss jedenfalls eine Strafe für ein unvirtuoses Seegurkenleben sein, als Mensch wiedergeboren zu werden.

Seegurken gehören zum Stamm der Stachelhäuter – wie Seeigel und Seesterne. Sie sind gar nicht einmal so entfernte Verwandte, denn als „Neumünder" haben sie entwicklungsbiologische Ähnlichkeiten mit uns Wirbeltieren. Die stammesgeschichtlichen Beziehungen der Tiere werden durch die vergleichende Gen-Analyse immer genauer untersucht. So auch in einer wichtigen Veröffentlichung über die Evolution der Tierstämme, die in „Nature" kürzlich erschien und von meinem ehemaligen Mitarbeiter Henner Brinkmann mit verfasst wurde.

Leider musste Henner, obwohl wir Drittmittel für ihn hatten, vor einigen Jahren Deutschland verlassen – nach Kanada. Denn ein absurdes, kurzsichtiges und forschungsfeindliches Gesetz untersagt die befristete Beschäftigung deutscher Wissenschaftler über zwölf Jahre hinaus. So wurde ein begnadeter deutscher Forscher vertrieben.

Ich dachte an ausgleichende Gerechtigkeit.

23 Garstig glatter glitschiger Glimmer!

So schimpft der erfolglos werbende Zwergenkönig Alberich im „Rheingold“ aus Richard Wagners „Ring des Nibelungen“. Auch in der Wissenschaft wird geworben, vor allem um Geld aus Bonn.

Richard Sykes, Rektor des Imperial College London, redete im Handelsblatt Klartext über Elite und das fehlende internationale Standing deutscher Universitäten. Vor zwölf Jahren bot mir das Imperial College eine Professur an – am Ende aber blieb ich in New York. Nun bin ich seit acht Jahren wieder in Deutschland und glaube, mir eine Meinung zum Thema Elitenförderung erlauben zu dürfen.

Wörter wie Exzellenzinitiative, Elite, leistungsbezogene Bezahlung sind in aller Munde. Eigentlich selbstverständlich: Menschen sind nicht gleich geboren und leisten auch später nicht gleich viel. Aber wie ist die Realität hierzulande? Zwar ist der Sozialismus fast weltweit gescheitert, doch die Diktatur der Gleichmacher im öffentlichen Dienst ist ungebrochen. Universitäten werden in Deutschland wie Behörden geführt – angeblich leisten alle gleich viel und werden auch gleich entlohnt. Keine gute Voraussetzung für die Schaffung von Eliten. Gleichbezahlung wirkt demotivierend auf den Nachwuchs: Warum Überdurchschnittliches leisten, wenn keine verdiente Professur lockt und die Besten nicht dementsprechend honoriert werden?

Dabei ließe sich Exzellenz zumindest in den Naturwissenschaften relativ leicht messen. Die wichtigste – natürlich nicht einzige – „Währung“ wissenschaftlicher Leistung sind Veröffentlichungen. Der Ruf der Fach-Journale korreliert mit ihrem „Impaktfaktor“, der sich daraus errechnet, wie oft aus ihren Texten zitiert wird. Als vertretbare Annäherung an das Maß der Exzellenz kann man also Impaktfaktoren und Zahl der Publikationen zählen. „Nature“ und „Science“ sind die Topjournale mit den bei weitem höchsten Impaktfaktoren. Ihre Seiten sind dementsprechend heiß umkämpft. Sie veröffentlichen nur die besten Studien. Publikationen dort bewirken Lob, Anerkennung und Berufungen. Zumindest in den USA und England. In Deutschland dagegen ist die Folge leider oft eher Neid und Mobbing – anstatt auf den Walkürengipfel gehoben zu werden.

Life is stranger than fiction. Wie sonst soll man es werten, wenn ein Prorektor für Forschung, eine der wichtigsten Personen in der Universität, in einer Sitzung seine Meinung kundtut, Veröffentlichungen in „Nature“ oder „Science“ hätten das Niveau einer Boulevardzeitung? Das allein wäre schon peinlich genug. Aber wenn nun derselbe Prorektor noch in die Götterburg (den nationalen Wissenschaftsrat) berufen wird, dann ist es, als ob man Alberich bittet zu bestimmen, wer das Gold der Rheintöchter erhält und ins wissenschaftliche Walhall einzieht.

Die Tragödie zeichnet sich ab – so sollte es nicht überraschen, dass die Elite hier nicht aus den Startlöchern kommen kann. Wo bleibt die rettende Brünnhilde?

24 Wie findet der Vogel den Wurm?

Endlich! Amsel, Drossel Fink und Star – alle sind sie wieder da. Aus dem Rasen, der noch vor zwei Wochen eher einer gefrorenen sibirischen Tundra als einer holländischen Wiese glich, sprießen jetzt

Narzissen und – ganz wichtig – die Regenwürmer sind wieder aktiv. Auf sie komme ich gleich zurück.

Man kann sie, die männlichen Vögel, morgens wieder vor dem Fenster singen hören. Nach der Stille des Winters fällt dies in den ersten Frühlingstagen besonders angenehm auf. Das Phänomen des Vogelgesangs kann man auch ganz prosaisch erklären: Die längeren Tageslichtphasen stimulieren erhörte Testosteronausschüttungen, die – erstaunlicherweise – sogar messbare morphologische Veränderungen des Vogelhirns auslösen. In den für den Gesang zuständigen Gehirnteilen entstehen neue Zellen. Das Spatzenhirn wächst also im Frühling. Diese Entdeckung von Fernando Nottebohms Labor an der Rockefeller Universität in New York stürzte das Dogma, Nervenzellen könnten sich nicht teilen. Im Oberstübchen muss es vielleicht doch nicht mit dem Alter zwangläufig abwärts gehen. Jetzt sucht man nach Genen, die einige Vogelarten zu besseren Sängern machen als andere. Einige Labore forschen auch nach Faktoren, die Querschnittsgelähmten helfen könnten, Nerven im Rückenmark zu (re-)generieren. Vom vermeintlich nutzlosen neurobiologischen Studium des Vogelgesangs zur medizinisch angewandten Forschung. Wer hätte das vorhergesehen?

Aber auch in nicht gesanglicher Hinsicht sind Vögel bemerkenswerte Genossen. Wie findet denn nur die Amsel (Turdus merula) den Regenwurm? Ich vermute, diese brennende Frage haben Sie sich als aufmerksamer morgendlicher Jogger im Park auch schon gestellt. Die garten- und vogelbesessenen Engländer haben sich schon seit wenigstens zwei Jahrhunderten gefragt, ob Vögel, die den Kopf auf die Seite legen – dies haben Sie sicher auch schon beobachtet –, um nach Regenwürmern im Rasen zu lauschen oder zu gucken.

Vögel können hörbare, sichtbare, riechbare, und möglicherweise auch vibrotaktile (schwingende) Reize wahrnehmen. Die Frage scheint berechtigt, mit welchem Sinn der Wurm hauptsächlich gefunden wird. Die Antwort lautet: Die Amsel hört den Wurm! Das fanden vor einigen Jahren Robert Montgomerie und Patrick Weatherhead aus Ontario in mehreren, gut kontrollierten Experimenten heraus. Regenwürmer gehören zu den Anneliden, Ringelwürmern mit Borsten in jedem Segment. Ihr Graben verursacht Geräusche, wenn auch sehr leise. Tote Würmer graben nicht und wurden von den Testvögeln auch nicht gefunden. Wenn die Geräuschkulisse zu ungünstig ist, beispielsweise durch den rasenmähenden Nachbarn, erschwert dies den Amseln die Suche nach dem Wurm. Zuletzt noch eine gute Botschaft: Es scheint, soweit bisher bekannt, dass die Zugvögel dieses Jahr keine neuen Vogelviren mitbrachten.

25 Über Mütter und Mutter Natur

Es liegt mir fern, Ihre romantische Ader mit nüchternen Erkenntnissen zu verstopfen. Aber gerade im deutschen Sprachraum herrscht ein Missverständnis vor: die naive, naturphilosophisch angehauchte Sicht von der gütigen, heilenden, umsorgenden „Mutter Natur". Friedrich Schellings idealistische Ideen zur „Naturphilosophie" sind anheimelnd, aber sie haben herzlich wenig mit der Realität des ökologischen Mit- oder genauer Gegeneinanders da draußen zu tun.

Wie Charles Darwin sagte: „A scientific man ought to have no wishes, no affections, – a mere heart of stone." Erwarten Sie also bitte keine ökologischen Streicheleinheiten von mir. Jeglicher Versuch, es behutsamer zu sagen, würde die wahre Situation beschönigen – deshalb deutliche Worte zu „Mutter Natur": Vergessen Sie sie. Es gibt sie nicht. Es ist ein Dschungel da draußen.

Alle Individuen kämpfen direkt oder indirekt gegeneinander. Am meisten konkurrieren sogar Individuen der gleichen Art. Denn diese innerartlichen Mitstreiter haben die ähnlichsten ökologischen Bedürfnisse: Futter oder Beute, Nist-, Brut- oder Ablaichplätze, Paarungspartner etc. Es geht darum, die eigenen Gene direkt oder indirekt (durch Verwandte, die ja einen Teil der gleichen Gene tragen) in höherer Häufigkeit in die nächste Generation zu tragen als die Konkurrenten. Deshalb wird um Futterplätze gestritten und um Weibchen gekämpft.

Cui bono? Wer oder was zieht daraus den größten Nutzen? So muss das Verhalten der Tiere und Pflanzen gesehen werden. Es gibt Evolutionsbiologen, die glauben, dass individuelle Gene den Körper nur als Vehikel benutzen und manipulieren, um in der nächsten Generation in höherer Kopienzahl im Genpool präsent zu sein. Andere sehen das ganze Genom eines Individuums als die Einheit der natürlichen Selektion. Es gibt aber auch die – veraltete – Sichtweise, dass ganze Gruppen (bis zu Arten) mit anderen konkurrieren.

Aber alle Evolutionsbiologen sind sich einig, dass die Stärke und damit auch die Schnelligkeit der Auslese, also wie schnell die Evolution pro Generation voranschreitet, mit zunehmender Organisationskomplexität abnehmen. Also: Gruppenselektion tendiert dazu, schwächer und damit langsamer zu sein als Individualselektion. Deshalb: Nichts da mit „zum Guten der Art"! Solange es noch Paarungspartner gibt, sollte mir das Schicksal meiner Artgenossen egal sein.

Die Mär vom ökologischen Gleichgewicht passt in das romantische, weltfremde, idealistische Bild der „Mutter Natur". Jedes Biotop verändert sich ständig und damit auch die relativen Häufigkeiten der Mitkonkurrenten.

Es gibt in der ökologischen Theorie eine grundsätzliche, wenn auch etwas überholte Unterscheidung zwischen r- und K-Strategien. r-Spezialisten (r=reproductive rate) haben eine sehr hohe Fekundität – sie legen Millionen Eier, von denen meist nur ganz wenige als Nachkommen überleben und sich weiter fortpflanzen. Aber selten überleben auch sehr viele in einer Generation. K-Strategen (K=carrying capacity, die maximale Individuenzahl, die ein Habitat auf lange Zeit „tragen" kann) haben nur wenige Nachfahren, die aber gehätschelt werden, um sicherzustellen, dass die wenigen Genträger gesund das Reproduktionsalter erreichen.

Gerade in der Woche des Muttertages (Sonntag, nicht vergessen!) sollte natürlich nicht unerwähnt bleiben, dass die sogenannte kulturelle Evolution sicher anderen Regeln folgt. Wie sollte man sonst erklären, dass Akademiker (und -innen) besonders in reichen Nationen den Ruf der Natur selbst als offensichtlich extreme K-Spezialisten zu überhören scheinen. Aber dies ist ein ganz anderes Thema. Also, danken Sie Ihrer Mutter, denn die Hälfte Ihrer Gene stammt von ihr.

26 Musik des Lebens – Art imitates life

Zwischen Kunst und Wissenschaft Gemeinsamkeiten zu finden fällt schwer. Auf den ersten Blick haben sich die linke und rechte Gehirnhälfte oft nicht viel zu sagen. Immerhin, Johann Sebastian Bach und auch Karl-Heinz Stockhausen näherten sich den Wissenschaften an. Aus der anderen Richtung, von den Wissenschaftlern kam wenig. 1980 verglich Douglas Hofstadter in seinem Buch „Gödel, Escher, Bach" den DNS-Strang – Baustoff der Chromosome, der für Gene kodiert und an einem Zellorganell namens Ribosomin die Aminosäuresequenz eines Proteins übersetzt wird – mit einem magnetischen Tonband, das an einem Tonkopf zu Musik übersetzt wird (Liebe iPod-Generation, fragt bitte eure Eltern, was ein Tonbandgerät ist.)

Der japanische Evolutionsgenetiker Susumu Ohno, einer meiner akademischen Helden, ging weiter: 1986 beschrieb er in der Zeitschrift „Immunogenetics“ zusammen mit seiner Frau Midori, einer Sängerin, wie sich bestimmte DNS-Sequenzmotive im Genom einer Art wiederholen, aber auch über Arten hinaus konserviert sind. Er schrieb den vier DNS-Basen Musiknoten zu. Ohnos Idee war, die Gene dadurch in Musikstücke umzuwandeln. Ein Krebs erregendes Gen einer Maus klang angeblich traurig. Ein Gen, das für Proteine in Linsen von Hühneraugen kodierte, trillerte klangvoll.

Dieser Artikel wurde gerade 15-mal in der Fachliteratur zitiert – nicht gerade einflussreich. Das zeigt die engen Horizonte, in denen sich Wissenschaft meistens bewegt. Trotzdem wurde Ohnos verrückte Idee nicht vergessen, zumindest nicht von Esoterikern und Ambientmusikfans. Der Komponist Thilo Krigar hat sie aufgegriffen für seine Symphonie „DNA in Concert“, die letztes Jahr in Berlin uraufgeführt wurde.

Die aktuelle Flut von Gen-Sequenzen im Zeitalter der Genomik erlaubt die computergestützte Suche nach Mustern der vier Basenpaare des Genoms. Zusammen je drei – aber nur in den Protein kodierenden Teilen des Genoms – formen ein „Triplett“, das in je eine von 20 natürlichen Aminosäuren übersetzt wird, die unsere Proteine bilden. Bisher verstehen wir nur drei Prozent unseres Genoms, die Proteine kodieren – und selbst die noch sehr unvollständig.

Niemand sucht mehr nach Musik, aber nach Motiven, Instruktionen und „Grammatik“ in dem 97-Prozent-Teil unsers Genoms, der nicht in Proteine übersetzt wird. Das ist ein höchst aktives Gebiet der Bioinformatik und Genomik. Diese „Musik“ erschließt sich noch nicht völlig.

27 Von Menschen und anderen Primaten

Vielleicht auch weil wir Blutsverwandte sowieso nicht auswählen können, akzeptieren die meisten heute, dass wir Primaten sind. Wir haben gemeinsame Vorfahren mit Orang-Utans, Gorillas und mit Schimpansen, unseren nächsten noch lebenden Verwandten. Diese Realität wurde (und wird leider immer noch) nicht von allen akzeptiert. Darwins „Origin of Species" entfachte 1859 eine emotionale Debatte über die Folgen für das Verständnis des Menschen im Universum und die Religionen. Die Authentizität der biblischen Überlieferung des Ursprungs der Arten inklusive des Menschen steht seither zur Disposition. Auch heutige Kreationisten sind anscheinend durch die biologische Einsicht, dass der Mensch nur ein Produkt von Zufall, Mutation und Selektion ist, zutiefst beleidigt.

1860, in der ersten öffentlichen Debatte über Darwins Erkenntnisse zwischen Thomas H. Huxley („Darwin's bulldog" genannt) und Samuel Wilberforce, Bischof von Oxford, provozierte Letzterer seinen Gegner mit der Frage, ob er – Huxley – vorzöge, über seine mütterliche oder väterliche Seite vom Affen abzustammen. Darauf erwiderte Huxley, er würde immer einen Affen als Ahnherrn einem Bischof vorziehen, der seine intellektuellen Qualitäten dazu missbrauche, die Wahrheit zu verdrehen. Angeblich fiel daraufhin eine Oxforder Dame in Ohnmacht.

Natürlich präzisiert sich das Verständnis unseres Ursprungs seit Darwin ständig. Bis vor wenigen Jahrzehnten dachte man, alle lebenden Primatenarten seien näher miteinander verwandt und Homo sei allein auf seinem evolutionären Ast. Molekulare Vergleiche zeigten aber, dass Schimpanse und Bonobo (Pan troglodytes und Panpaniscus) näher mit Homo verwandt sind als mit Gorilla oder gar Orang-Utan. Wie ähnlich wir Primaten uns sind, überrascht immer wieder. Schimpanse Cheetah, der mit Johnny Weissmuller in den Tarzanfilmen der 30er-Jahre schauspielerte, feierte unlängst seinen 67. Geburtstag. Die Lebenserwartung von Schimpansen in Freiheit liegt aber nur bei etwa 40 Jahren. Cheetahs Nachbar in der Luxus-Pensionärsstadt Palm Springs war der kürzlich im biblischen Alter von 100 Jahren verstorbene Entertainer Bob Hope. Sicher ein Zufall.

Aber neueste genomische Vergleiche zeigen, dass sogar noch lange Zeit nach der Trennung der Pan- und Homo-Äste weiter Gene ausgetauscht wurden. Dies, Herr Wilberforce, wurde am deutlichsten klar an dem besonders ähnlichen X-Chromosom, dem weiblichen Geschlechtschromosom.

28 In America alles is better – not!

Auch wenn es bei der WM nicht klappen sollte, in einigen Disziplinen sind wir Deutschen weiter Weltmeister: „Meckern“, „Kaputtreden“ und „der Staat schuldet mir etwas“. Dies sind die wahren Leitmotive der Leitkultur. Für Harald Schmidt sind alle, die mit mieser Laune durchs Land stampfen, Deutsche. Daran und am Drängeln erkenne der Blinde, dass er im „Land des Nicht-Lächelns“ gelandet ist.

Dabei ist es ein Schlaraffenland. Die Straßen sind gut, alles funktioniert (wenn auch nicht ganz so effizient, wie unser Ruf verspricht), niemand hungert, obwohl viele nicht arbeiten. Es ist erfreulich, dass sich dieses Land so viel Freizeit nimmt für Selbstkritik, Nabelschau und Wellness. Es geht uns noch gut – auch in puncto Bildung.

Der Vergleich mit dem System der USA fällt schwer, da es so grundverschieden ist. Im deutschen Sozialstaat wird jeder sein Leben lang ausgehalten. Kinder besuchen gebührenfrei Kindergarten, Schule und Universität. Über so viel Großzügigkeit könnten wir uns freuen und stolz auf die USA hinabblicken. Aber dafür zahlt auch der kinderlose Steuerzahler. Eltern dagegen werden belohnt. Verkehrte Welt in Amerika! Man zahlt für eine Dienstleistung – dafür weniger Steuern – und erwartet nicht viel vom Staat. Die Ausbildung der Kinder, also die Chance, mehr zu verdienen, ist sehr teuer. Eltern coachen schon ihre Kleinkinder, um in begehrte Kindergärten (mit Zweitsprache Mandarin und den richtigen Freunden und Kontakten) zugelassen zu werden, für eine Chance also, 10.000–15.000 $ jährlich für ein 3-jähriges Kind ausgeben zu dürfen! Danach geht es um die angesagteste Gradeschool und Highschool (nie eine öffentliche!). Private Highschools kosten gerne 18.000 $ pro Jahr. Erst danach kommt der wichtigste Karriereschritt des Kindes – das richtige College. Mit ihm entscheidet sich das Gehaltspotenzial. Bis dahin wurden pro Sprössling schon 200.000 $ investiert, damit in vier Collegejahren nochmals 250.000 $ von Papas Konto fließen können.

Ich werte nicht, ich stelle nur die Ausgangsbedingungen der deutschen Elitediskussion vor. Natürlich strebt man nicht nach dem Mittelmaß eines anderen Landes. Aber Harvard hat so viel gemein mit den anderen 3.500 Colleges und Universitäten Amerikas wie Boris Becker mit einem Hobbytennisspieler. Und Bürokraten, die Exzellenz befürworten, können sie nicht bürokratisch verordnen – es kostet viel zusätzliches Geld. Dazu muss mehr als nur ein mentaler Ruck durchs Land gehen. Aber die potenten Steuerzahler regeln die Kindererziehung ja längst privat in der Schweiz, England oder den USA.

29 Wir sind nicht wirklich Individuen

Wir sind nicht allein auf der Welt. Die Rede ist nicht von Aliens, die uns beobachten oder kontrollieren – aber irgendwie doch. Die These vom egoistischen Gen besagt, dass Gene Organismen nur als „Vehikel" benutzen und manipulieren, um zu erreichen, dass möglichst viele Kopien von sich selbst – durch erhöhte Nachkommenzahl der Vehikel – im Genpool der nächsten Generation präsent sind. Nebenbei: Dieser „Ruf der Natur" stößt bei Akademikern in entwickelten Ländern anscheinend auf taube Ohren.

Einzelne Gene können so zwar messbaren Erfolg haben. Dennoch sind sie ja nur Teil des gesamten Genoms zusammen mit vielen tausend anderen Genen. Diese haben möglicherweise unterschiedliche oder gar gegensätzliche Strategien, um das gleiche Ziel zu erreichen. Sie müssen aber im Genom zusammenarbeiten. Deshalb setzt die natürliche Selektion am Individuum an. So glaubt zumindest die Mehrzahl der Biologen.

Aber wir sind nicht wirklich Individuen. Zusätzlich zur vertikalen Vererbungskette mit egoistischen Genen, die zusammenarbeiten, gab es schon früh in der Geschichte des Lebens zusätzlich horizontale genetische Verkettungen. Vor etwa drei Milliarden Jahren „verschluckte" ein Bakterium ein anderes, das sich in der Art der Energiegewinnung (ohne Sauerstoff!) fundamental von ihm unterschied. Seitdem haben die von dieser Linie abstammenden Organismen (sehr viele, inklusive des Menschen) eigentlich zwei Genome in sich. Die beiden arbeiten zum gegenseitigen Nutzen zusammen. Diese Bakterienhochzeit wird Endosymbiose genannt, weil das eine in dem anderen weiterlebt und sie voneinander abhängig wurden.

Das ist unumstritten, denn unsere Mitochondrien, kleine Organchen in der Zelle, die für Energie sorgen, haben ein eigenes Minigenom mit 37 Genen. Dieses mitochondriale Gastgenom ist zwar nur noch ein Relikt, aber sein Ursprung in den Alpha-Proteobakterien ist nachweisbar. Die meisten der ursprünglich Hunderten von Genen gingen verloren oder wurden in das Genom des Wirtes, also in unseren Zellkern, übertragen. Dort vermischten sie sich mit den Genen des einst schluckenden Bakteriums, von dem wir – hauptsächlich

– abstammen. Pflanzen haben sogar drei semiunabhängige Genome: Die grünen Pigmentkörper (Chloroplasten), die die Sonnenenergie einfangen, sind durch ein zweites Endosymbiotenereignis Teil der Pflanze geworden.

Leben ist also nicht nur Wettkampf, sondern auch von Anfang an Kooperation.

30 Unsere Freunde im Darm

Genome, die Gesamtheit aller Gene, sind Mixturen mehrerer evolutionärer Linien. Jedes Individuum ist somit auch ein genetischer Bastard vieler unterschiedlicher Elternteile, denn nicht alle Gene wurden „vertikal" von unseren Ur-Vätern und -Müttern geerbt, sondern einige auch „horizontal" durch Gentransfer aus anderen Organismen.

Aber auch außerhalb unserer eigenen Zellen, also am und im Körper, hauptsächlich im Darm, tragen wir mehr oder weniger freundliche Bakterien, die mit uns zusammenarbeiten. Unsere Körper sind wandelnde Brutstätten für Organismen, mit denen wir gemeinsam durchs Leben gehen, ja zu unserem Überleben sind einige absolut notwendig.

Dass wir mit unseren Bakteriengästen über Generationen zusammenlebten, kann man daran erkennen, dass die Verwandtschaftsverhältnisse von Menschenpopulationen anhand von, beispielsweise, Magensäure-resistenten Helicobacter-Bakterien rekonstruierbar sind. Sie werden also „vertikal" von Müttern über die Milch oder Speichel an die Kinder weitergegeben. Wir sind quasi „Superorganismen" und keine wirklich unabhängigen Lebewesen. Diese Zusammenarbeit ist fast so wie die von Flechten, einem Gemisch von Pilzen und

Algen. Wir brauchen diese bakteriellen Freunde, denn nur sie haben die Gene und damit Enzyme, um notwendige Vitamine herzustellen, pflanzliche Gifte abzubauen oder ansonsten unverdauliche Pflanzenteile unserem Körper zugänglich zu machen. Uns fehlen dazu die Gene, aber unser Teil des Deals ist die Bereitstellung des Darmmucus und der Nährstoffe, von denen die Bakterien profitieren.

Die Lebensgemeinschaft des menschlichen Darms besteht aus Mikroorganismen, deren gemeinsame Genzahl die des Wirts, also unsere, hundertfach übertrifft, wie jüngste „metagenomische" Untersuchungen zeigten. Diese Bakteriengemeinschaften haben also in toto nicht nur wenigstens zehnmal mehr Zellen (das sind bis zu 100 Billionen), sondern sind insgesamt auch genetisch weit komplexer als ihr Wirt, und die Bakterienkomposition variiert zwischen Menschen. Diese Erkenntnis durch die neuen bioinformatischen Untersuchungsmethoden ist neu, denn die meisten Bakterien lassen sich nicht in Petrischalen kultivieren und blieben so bisher unerforscht.

Vive la difference, vivent les bacteries!

31 Frauenquoten einmal natürlich

Der Fortpflanzungserfolg von Weibchen ist meist allein abhängig von der Fähigkeit, genügend Eier zu produzieren.

Bei brutpflegenden Arten zählt auch der Erfolg im Großziehen der Jungen. Bei den Männchen der meisten Arten begrenzt nicht die Zahl der Samen die Nachkommenschar, sondern der Zugang zu Weibchen und ihren Eiern. Diese sind somit die knappe Ressource, um die gekämpft und gebuhlt wird. Denn Eier sind groß, unbeweglich und damit energetisch teuer herzustellen, wohingegen Samen klein, billig und beweglich sind. Dies sind auch die wichtigsten Kriterien zur Definition von Männchen und Weibchen, denn bei manchen Gruppen von Organismen ist es gar nicht so leicht zu entscheiden, wer was ist.

Fortpflanzungserfolg, also evolutionäre Fitness, ist bei Weibchen fast garantiert, aber auch weniger variabel, das heißt, alle Weibchen haben etwa gleich viel Nachwuchs. Anders bei den Männchen der meisten Arten, zumindest nichtmonogamen, und dies sind die allermeisten. Wenige Paschas zeugen Hunderte von Nachkommen, andere gehen reproduktionsmäßig vollkommen leer aus. Dies führt zu Wettbewerb um die Weibchen, die den Gewinner der innermännlichen Kämpfe akzeptieren (beispielsweise bei Rehen und Hirschen) oder den „männlichsten" Partner (etwa den Pfau mit dem schönsten Rad) selbst wählen.

Was sollte ein Weibchen tun, um seine Fitness zu maximieren? Zunächst sollte sie nach genetischen Kriterien den besten Vater auswählen, aber dann sollte sie das Geschlecht der Nachfahren manipulieren – 50/50 Töchter/Söhne ist nicht immer die beste Strategie. Angenommen, sie kann über das Geschlecht ihrer Nachkommen entscheiden – und dies ist für einige Säugetiere nachgewiesen –, stehen verschiedene Strategien offen. Je nach klimatischen Bedingungen im weiblichen Fortpflanzungstrakt kann die Befruchtungs- oder Abtreibungsrate geschlechtsspezifisch variieren.

Bei den meisten Reptilien entscheiden nicht X- oder Y-Chromosomen im Samen über das Geschlecht, sondern die Temperatur, bei der die Eier ausgebrütet werden. So kann das Reptilweibchen manipulieren, ob sie hauptsächlich Söhne oder Töchter produziert. Möglichst viele gesunde und für die Weibchen der nächsten Generation sexuell attraktive Söhne zu gebären ist eine gute Strategie, denn besonders „sexy" Söhne können vielleicht besonders viele Enkel, die die Gene der Großmutter tragen, produzieren. Töchter haben dieses Potenzial nicht, sind dafür aber eine sichere Investition, denn sie kommen mit großer Wahrscheinlichkeit überhaupt reproduktiv zum Zuge.

Wenn aber fast alle Weibchen nur Söhne produzierten, würden die meisten ohne Nachfahren bleiben, und die wenigen Töchter hätten in der nächsten Generation einen großen Vorteil. Deshalb ist die Frauenquote bei der Geburt der allermeisten Arten gemittelt auch fast immer genau 50 Prozent. Oft werden ein bis zwei Prozent mehr Söhne geboren, denn ihre Chancen, das fortpflanzungsfähige Alter zu erreichen, sind meist ein wenig geringer.

Je nach Umweltbedingungen und Gesundheitszustand des Weibchens kann und sollte sie die Fortpflanzungsstrategie im Laufe ihres Lebens wechseln. Denn es kann bei schlechten Zeiten im oder außerhalb des Körpers geschickt sein, auf Nummer sicher zu gehen und Töchter zu gebären. Es kostet sie nämlich mehr Energie, einen besonders kräftigen, sexy Sohn zu produzieren, der im Kampf mit den anderen Männchen oder um die Gunst der Weibchen gute Chancen hat, viele Nachkommen und damit Enkel für seine Mutter zu zeugen. Empirische Daten von Rehpopulationen zeigen, dass dies Ricken „verstehen“ und danach handeln.

32 Frauenquoten – weniger natürlich

Es gibt politisch unkorrekte Tabuthemen der Biologie, mit denen man sich fast immer den Mund verbrennt. Dazu zählen die Fragen, ob es geschlechts- oder ethnien-spezifische Intelligenzunterschiede gibt. Man sollte besser die Finger davon lassen, gerade in Deutschland, oder? Natürlich sind dies biologisch interessante Probleme, die es wert wären, vorurteilsfrei angegangen zu werden. Aber es ist heutzutage weltweit akademischer Suizid, darüber zu forschen. Abgesehen davon, dass dies niemand finanziell unterstützen würde. Selbstverständlich gibt es viele biologisch determinierte Geschlechtsunterschiede. Dennoch bringen Aussagen, die über die Feststellung, dass Säugetierweibchen Nachkommen gebären und Männchen sie zeugen, hinausgehen, geschweige denn, was sich daraus gesellschaftlich ableiten könnte oder sollte, nichts als heiße Köpfe. So auch das Thema Frauenquote unter der Professorenschaft. Im politisch überkorrekten Amerika musste kürzlich Lawrence Summers als Präsident der Harvard-Universität zurücktreten, weil er angedeutet hatte, dass Frauen weniger ausgeprägte Qualitäten für Wissenschaft haben könnten als Männer. Eine hiesige Debatte trat in seiner letzten Rede der scheidende Präsident der Deutschen Forschungsgemeinschaft los, weil er sich für eine Quotenregelung aussprach. Die Hälfte des geistigen Potenzials würde vergeudet durch die Unterrepräsentation von Frauen in der Wissenschaft.

Die vornehmliche und offensichtlichere Vergeudung geistigen Potenzials besteht aber darin, dass zu viele Akademiker, auch Frauen, ausgebildet werden, die dann wegen Jobmangels aus diesem Land ins meist angelsächsische Ausland umsiedeln. Der Brain-Drain ist das größte Problem der deutschen Wissenschaft. Wir haben genug talentierte und hoffnungsvolle Jungforscher, Männchen wie Weibchen. Aber sie haben zu wenig Hoffnung auf eine Zukunft auf feste Stellen. Dies führt dazu, dass sie spätestens nach der Promotion abwandern, wenn sie können. Dies ist ein riesiger Verlust für die Volkswirtschaft – und nachteilig für das hiesige intellektuelle Klima.

Niemand spricht sich gegen Chancengleichheit aus, und mein Eindruck ist, dass sie schon besteht. Aber es ist legitim, zu fragen, warum man Quoten bei Professoren braucht und nicht beispielsweise auch für Feuerwehrleute, Soldaten, Krankenpfleger oder Grundschullehrer. Warum nicht gleich eine Ethnien-, Religions-, Familienstands- oder Was-auch-immer-Quote einführen? Qualität,

Qualität und nochmals Qualität in welcher körperlichen Hülle auch immer, das allein sollte ausschlaggebend sein bei Berufungen. Bitte, bitte lasst uns nicht alle Fehler Amerikas nachmachen (Stichwort Diskriminierungsgesetz). Dort haben „weiße“ Studenten wegen für sie nachteiliger Rassenquoten erfolgreich gegen Ablehnungen zur Universitätszulassung und Stipendienquoten geklagt. Übrigens, mein von mir verehrter und bewunderter Doktorvater ist eine Mutter.

33 Frauenquoten, nochmals unnatürlich

Männchen und Weibchen sind nun einmal nicht gleich. Das fängt beim Privileg (oder der Last) des Gebärens bei Säugetieren an, geht über Unterschiede in der Funktion von Genen und endet nicht, trotzt Gleichmacherei und -rederei, bei unterschiedlichen Veranlagungen für Lesen, Lernen, Technik und anderem.

Tatsache ist, dass es unter Deutschlands Professoren weniger Frauen als Männer gibt (nur 8 bis 13 Prozent). Dies ist dennoch weltweit so. Hierzulande gibt es aber proportional noch weniger Professorinnen als in einigen anderen Ländern, darunter in so vielleicht überraschenden wie Spanien oder der Türkei. Natürlich sind in einigen akademischen Disziplinen Frauen besonders rar, aber ebenso sind Männer in anderen unterrepräsentiert. Beides wird von manchen Menschen, darunter sogar Männern, als Problem gesehen.

Mehr Frauen machen durchschnittlich bessere Abiture, mehr von ihnen fangen an zu studieren und sind bis zum Vordiplom, manchmal sogar Diplom in einigen Fachbereichen in der Überzahl, meist zumindest in Parität repräsentiert. Offensichtlich wird bis zu diesem Zeitpunkt der akademischen Leiter nicht gegen Frauen diskriminiert. Doch nach der Promotion, im Alter um 30 bis 35, fällt dann die Zahl der beruflich aktiven akademischen Frauen sehr stark ab. Dieser Trend ist offensichtlich nicht auf mangelnde weibliche akademische Leistungen oder Leistungsfähigkeiten zurückzuführen.

Die Gründe haben eher etwas mit der Lebensplanung und den Frauenrollen in Deutschland zu tun. Einerseits besteht der Anspruch, dem harten Berufsleben genauso gewachsen zu sein wie die Männer, andererseits der Wunsch, sich jahrelang dem Nachwuchs zu widmen. Wie nun? Beides geht nicht – exzellente Wissenschaft ist keine Teilzeitbeschäftigung, auch nicht nur ein 40-Stunden-Job. „You can't have your cake and eat it, too", sagen die Amerikaner.

Halbtagsprofessorin geht nicht, vielleicht ließe sich dies noch mit Lehrverpflichtungen arrangieren, aber in der Forschung wird daraus schnell Drittklassigkeit mit verminderten Berufungschancen und mittelmäßigen Ergebnissen. Deshalb ist die Versorgung mit Tagesmüttern oder Ganztagskindergärten notwendig, wie die von der Nobelpreisträgerin Christiane Nüsslein-Volhard ins Leben gerufene Stiftung für akademische Jungmütter erkannt hat.

Allerdings sollte auch nicht unerwähnt bleiben, dass gerade diese Versorgung mit Kinderbetreuung in einigen Ländern mit höherer Frauenrate unter den Professoren noch schlechter bestellt ist als bei uns. In dem gelobten Land der Forschung, den USA, wird diese meist nur privat geregelt. Das Problem ist daher wohl eher in den Köpfen und Ansprüchen der Frauen und dem gesellschaftlichen konservativen Kollektivbewusstsein (Stichwort Rabenmutter) zu suchen als in irgendwelchen institutionellen Hürden, die hier, im internationalen Vergleich, sicherlich nicht höher liegen als anderswo.

34 Frauenquote – zum letzten Mal

Es ist schwer, Professorin zu sein. Sonst gäbe es ja nicht so wenige davon. Sicher tragen viele Faktoren zu dieser Situation bei und, so meine These, am wenigsten Sexismus und aktive Diskriminierung.

Mein Eindruck ist, dass sexistische Männerbünde, die Frauen aus Fakultäten fern halten wollen, selten sind. Die schwache Präsenz von Frauen in führenden akademischen Positionen liegt zuvorderst an deren freiwilligem Ausscheiden aus dem harten Wettbewerb, eine Professur zu erlangen. Sollte man also beim Wettbewerb um rare (nicht nur akademische) Stellen „Behinderte und Frauen bei gleicher Qualifikation" – wie es in Stellenanzeigen oft heißt – bevorzugen? Bei gleicher Qualität heißt das nichts anderes als positive Diskriminierung. Die meisten Frauen wollen aber nicht positiv diskriminiert werden, wie auch Barbara Bludau, die Generalsekretärin der Max-Planck-Gesellschaft, unlängst feststellte. Dort sind nur rund 5,7 Prozent der Direktoren Frauen.

Der Frauenschwund mit zunehmendem akademischem Grad hat viel mit der im internationalen Vergleich außergewöhnlich strikten Trennung von Beruf und Familie in Deutschland zu tun und der wohl urdeutschen Ansicht, dass allein die Mutter sich ausschließlich dem Kindeswohl zu widmen habe. Hierzulande geht man immer noch davon aus, dass Frauen sich jahrelang nur dem Mutterdasein hingeben und währenddessen von der Gesellschaft oder dem Partner ernährt werden. Diese Einstellung hat primär wenig mit fehlenden Kindergartenplätzen zu tun, sonst würde man beispielsweise in den USA noch weniger Frauen in den Universitäten erwarten, denn dort ist die vorschulische Kinderversorgung schlechter als bei uns.

Zumindest in den Naturwissenschaften ist eine Mutterauszeit nur schwer bis gar nicht nachzuholen. Teilzeitakademikerinnen haben kaum Chancen auf eine Professur, denn die Konkurrenz, die kinderlose weibliche wie auch die männliche, bleibt nicht stehen. Meist sind außerdem die männlichen Partner in Akademikerbeziehungen älter und weiter im Beruf. So folgt die Frau dem Partner bei dessen nächstem Karriereschritt eher als umgekehrt und steckt dabei akademisch zurück.

Quoten heißt auch immer verminderte Qualität, und die kann sich die deutsche Wissenschaft nicht leisten. Chancen müssen unabhängig sein von Geschlecht, Rasse, Herkunft und Religion. Deshalb bin ich erstaunt, dass Familienstand, Kinderzahl, Religion, Passbild und sogar der Beruf der Eltern bei Bewerbungen in Deutschland angegeben werden. All dies sind völlige „no nos" in den USA, denn dadurch könnte sich der Arbeitgeber für potenzielle gerichtliche Anfechtungen verletzbar machen. Wie die Pisa-Studien zeigen, ist gerade die sozialökonomische Herkunft leider immer noch eine große Determinante des schulischen und beruflichen Erfolgs, da wird möglicherweise mehr Potenzial verschenkt, als bei einer Frauenquote vermehrt wird.

35 Die Falschen in den Gremien

„Wer sich in den richtigen Gremien bewegt, Forschungspolitik betreibt, eine geschickte Stellenbesetzungsstrategie verfolgt, erringt damit oft mehr Ansehen als mit guter Forschung", sagte der Physik-Nobelpreisträger Theodor Hänsch in der „Zeit". Hierzu lande sitzen nicht immer die Richtigen in den Gremien. Statt der besten Forscher oder professioneller Manager wie in den USA, entscheiden zu oft Hobbyforschungsbürokraten.

Vollblutwissenschaftler hassen Kommissionsarbeit wie der Teufel das Weihwasser. Nach ihrem Rezept für Exzellenz befragt, antworten

Nobelpreisträger stets: Freiheit, Forschungsmittel, begabte Studenten, interessierte Kollegen und nicht Kommissionen und Regeln.

Das Problem fängt unschuldig an, etwa mit dem Amt des Dekans. Oft werden Neuberufene als Dekan ernannt, die noch keine Feindschaften etabliert haben und daher seltener von den Fraktionen der Fakultät torpediert werden. Sie fühlen sich vielleicht sogar gebauchpinselt durch die vermeintliche Ehre. Also machen die den Job, die sich im universitären Regel- und Beziehungsgeflecht am wenigsten auskennen. Leider verbringen sie somit oft ihre beste Zeit in Gremien statt mit Forschung und Lehre. Alldieweil dümpelt ihr Labor führungslos dahin – auf Kosten der Karrieren der Mitarbeiter und auch der Steuerzahler, die sie weiter finanzieren. Das passiert in den USA nicht, wo fast alle Professuren „nackt" sind: Nur den Professor bezahlt die Uni, alle Mitarbeiter werden aus Drittmitteln finanziert. Dies verhindert, dass Ressourcen an zunehmend unaktive Labore gehen. Wer in Kommissionen sitzt, hat weniger Zeit für Forschung und Drittmittelanträge.

Dann kann etwas Fatales passieren: Die Machtspiele und Intrigen, pardon, die Kommissionsarbeit macht dem jungen Dekan Spaß. Der Weg zurück in die aktive Forschung ist ohnehin schwierig, da er akademisch ins Hintertreffen gekommen ist. Wer lange nicht bis nach Mitternacht im Labor stand, mit rauchendem Kopf über die Interpretation von Daten diskutierte, sich mit Gutachten herumschlug und weinende, verzweifelte Doktoranden vor sich hatte, der weiß nicht mehr, wie Wissenschaft wirklich funktioniert. Im Wettkampf um die besten Ideen und Mitarbeiter kann er nicht mehr mithalten. Statt sich sein veraltetes Wissen einzugestehen, steckt er noch mehr Energie in die Gremienarbeit, vielleicht auch auf nationalem oder internationalem Parkett, wo er Macht und Ansehen erringt und wichtig durch die Lande reist. Er arrangiert sich mit dem Leben in Kommissionen. So wird Mittelmaß gezüchtet und Exzellenz ins Ausland vertrieben.

36 Wissen wir, was ein Gen ist?

An dieser Stelle, wie auch andernorts, liest man oft das Wort „Gen". Aber nirgends wird erklärt, was solch eine „Erbanlage" eigentlich ist. Man sollte also fast annehmen, dass dieses Wissen zur Allgemeinbildung gehört. Warum sollte man es dann auch erklären, man weiß ja, was damit gemeint ist. Oder etwa nicht? Tatsächlich wissen selbst die Experten jetzt – wo das Humangenom, also die Gesamtheit unserer Erbanlagen „entschlüsselt" ist und wir in der so genannten „postgenomischen Ära" leben – nicht mehr genau, was ein Gen ist.

Das fängt schon mit der genauen Zahl unserer eigenen Gene an, die immer noch nicht genau bekannt ist. Schätzungen gingen anfänglich bis zu 150.000 – schließlich sollten wir komplexen Organismen sehr viel mehr Gene haben als vermeintlich simplere Arten wie die Taufliege (etwa 16.000) und der Wurm Caenorhabditis elegans (etwa 19.000). Zu Beginn des Humangenomprojekts wurde unter Wissenschaftlern eine Wette veranstaltet – Gene Sweep genannt –, und der überraschende Gewinner, der der wirklichen Zahl wohl am nächsten kommt, war der Tipp mit der geringsten geschätzten Gen-Zahl (25.947)! Sind wir also gar nicht so viel komplexer als Fliegen und Würmer? Das Problem liegt darin, dass es nicht so einfach ist, eindeutig Gene im Meer der Basenpaare aus „A"s (Adenin) und „T"s (Thymin), sowie „G"s (Guanin) und „C"s (Cytosin) zu isolieren, die die etwa 3,3 Milliarden Bausteine des menschlichen Genoms ausmachen. Nur etwa fünf Prozent aller dieser Nukleotidbausteine kodieren für Proteine, das Material aus dem wir hauptsächlich bestehen, das heißt, sie stellen die Erbinformation dafür bereit. Der überwiegende Rest scheint „nichtkodierend" zu sein. Manche nennen ihn sogar abfällig „junk" (Müll). Kann es wirklich sein, dass jede unserer Zellen etwa 95 Prozent Müll im Zellkern trägt? Oder gibt es doch noch unverstandene Regeln? Danach suchen die Biologen zur Zeit fieberhaft.

Dabei fing das Verständnis der Vererbung und der Gene einmal ganz einfach an: Charles Darwin wusste, dass die Nachkommen den Eltern stets ähnlicher sind als dem Durchschnitt der Population, und dass diese Ähnlichkeit „erblich" ist. Doch Darwin kannte selbstverständlich noch nicht die Materialien und Regeln dieser Vererbung. Letztere entdeckte Gregor Mendel, der naturforschende Mönch aus Brünn, zu Lebzeiten Darwins beim Erbsenzüchten. Seine Erkenntnisse aber wurden von den Zeitgenossen ignoriert und erst mehr als 30 Jahre nach ihrer Veröffentlichung, zu Anfang des 20. Jahrhunderts, wiederentdeckt. Der dänische Botaniker und Genetiker Wilhelm Johannsen schuf dann 1909 den Begriff Gen (nach dem griechischen Wort für „gebären").

Durch Thomas Hunt Morgan, Oswald Avery und schließlich James Watson und Francis Crick wurde dann in der ersten Hälfte des letzten Jahrhunderts bekannt, dass Gene auf Chromosomen (einfärbbare Körperchen im Zellkern) liegen und scheinbar wie Perlen auf einer Schnur liegen, der als Doppelhelix organisierten Nukleinsäure. Aus diesen sind die Chromosomen gemacht.

Es ist nun klar, dass die Perlenschnurmetapher nicht immer zutrifft und damit falsch ist, denn der Anfang und das Ende einzelner Gene sind schwieriger zu identifizieren als gedacht. Oft kodieren Gene nicht nur für ein einzelnes Protein, sondern für mehrere. Und sie sind gelegentlich auf vielfältige und noch ungenügend verstandene Weise komplex miteinander verschachtelt. Die Lehre daraus ist eine alte Bekannte für Wissenschaftler: Je mehr wir von etwas verstehen, um so mehr wissen wir, wie wenig wir verstehen. Dies ist gut so, schließlich werfen die meisten Studien mehr, oder zumindest neue Fragen auf, als sie beantworten. Und so gibt es noch immer viel zu erforschen.

37 Was ist alles im Samen für die Damen?

Männchen und Weibchen ziehen nicht immer am gleichen Strang – auch evolutionär. Dieser Umstand ist vielleicht bedauerlich, aber längst bekannt: Der „sexuelle Antagonismus“ kann verschiedene Formen annehmen.

Neue Ergebnisse von Rebecca Burch von der State University of New York zeigen, dass der sich gegenseitig manipulierende Geschlechterkonflikt schon beim Liebes- (und manchmal Zeugungs-) Akt beginnt. Denn einige Bestandteile der Samenflüssigkeit könnten dazu dienen, die weibliche Reproduktionsphysiologie zum Vorteil des Männchens zu beeinflussen.

Sperma besteht aus Spermien (den männlichen Keimzellen) und Samenflüssigkeit. Diese setzt sich aus einer Reihe von Komponenten zusammen, die dem Wohle der Samen dienen, beispielsweise seine Mobilität fördern. Aber – und dies ist das Interessante und Neue – sie enthält auch Anteile, die die Befruchtungswahrscheinlichkeit steigern könnten. Denn mehrere Hormone wie FSH, LH und Estradiol, die in der Samenflüssigkeit enthalten sind, induzieren den Eisprung, was im Interesse der Befruchtung selbstverständlich von Vorteil ist. Weitere Hormone des Cocktails im Erguss stimulieren die Reifung der Eier und helfen bei der Erreichung und Stabilisierung der Schwangerschaft, indem sie die Implantation des befruchteten Eis im Uterus unterstützen könnten. Warum sollte aber das Männchen Hormone beisteuern, die der weibliche Körper sowieso herstellt?

Vielleicht ist dies eine männliche Gegenstrategie zum „versteckten“ weiblichen Eisprung (Ovulation). Beim Homo sapiens, im Gegensatz zu anderen Primatenarten – denken Sie an die leuchtend roten Genitalschwellungen einiger unserer Vettern oder besser Cousinen –, ovulieren Menschenweibchen heimlich. In unserer Spezies gibt es keine auffälligen körperlichen Veränderungen, die dem Männchen anzeigen, wann die Kopulation die größte Chance auf Fortpflanzungserfolg hat. Eine Erklärung für die Evolution der heimlichen Ovulation könnte die permanente Bindung sein, die das Weibchen, das die Hilfe des Männchens zur Aufzucht der Jungen braucht, damit erreicht.

Wenn dies aber die plausibelste Erklärung für die Evolution der Hormonbeigaben im Sperma wäre, dann sollten diese bei anderen Primaten fehlen, die morphologisch anzeigen, wann sie begattungsbereit sind. Im Sperma von Schimpansen wurden bei Untersuchungen kein LH und viel geringere Werte für das FSH-Hormon gemessen. Diese Ergebnisse unterstützen damit die evolutionäre Erklärung für den komplexen menschlichen Hormoncocktail im Sperma, aber physiologisch ist bisher noch unklar, wie die Hormone in den weiblichen Blutstrom kommen sollten und ob die geringen Konzentrationen wirklich den aus männlicher, zumindest evolutionsbiologischer Sicht gewünschten Effekt im weiblichen Körper überhaupt hervorrufen könnten. Nicht alles, was plausibel ist, ist auch richtig oder gar wissenschaftlich bewiesen.

38 Das Schwert der Gerechtigkeit

Ab und zu gibt es Ereignisse, die den naiven Glauben an einen gerechten Gott wieder erwachen lassen können. Hoffnung dieser Art keimte in mir nach Lektüre einer Meldung der „Times“. Sie berichtete von einer Mann-Fisch-Begegnung, die an Ernest Hemingways „Der alte Mann und das Meer“ erinnert: Ein Blauer Marlin (Makaira nigricans) hatte einen professionellen Sportangler vor Bermuda bei einem Sprung quer über das Boot mit seinem 90 cm langen Schwert durchbohrt und mit ins Meer gerissen. Marlin-Verletzungen sind nicht selten, aber diese ist einmalig! Ian Card überlebte glücklicherweise – wie der Fisch (4,20 m, ca. 360 kg), denn die Angelsehne, an der er hing, wurde nach dem Angriff gekappt.

Das Schwert des Marlins, ein verlängerter Oberkieferknochen, den die Fische angeblich zum Beutefang nutzen, traf Card in die Brust und verursachte eine lebensgefährliche Wunde. Der Fisch versuchte, auf der anderen Bootseite samt aufgespießtem Angler abzutauchen, doch der konnte sich noch rechtzeitig von Schwert und Fisch lösen. Card und sein Vater angelten als Erste Marline über 500 kg Gewicht vor Bermuda, und sechs der zehn größten je gefangenen gehen auf ihr Konto. So viel zur ausgleichenden Gerechtigkeit.

Marline sind Wunderwerke der Evolution. Sie und ihre Verwandten wie Tune und Schwertfische haben einen veränderten Blutkreislauf: Muskeln, die zum Schwimmen dienen, erwärmen auch ihr Blut. Somit erreichen sie eine Körpertemperatur, die über der ihrer Umwelt (des Wassers) liegt, sind also anders als andere Fische „endotherm“ wie wir Säugetiere. Mit den warmen Muskeln sind sie besonders schnelle Schwimmer (bis zu 100 km/h). Ihre Muskeln sind – zu ihrem Nachteil – deshalb auch so schmackhaft. Ihre Kraft und Ausdauer machen sie zu Objekten der Begierde für Hochseeangler.

Einige Arten von Marlinen (Familie Istiophoridae) und Schwertfischen (Familie Xiphiidae) haben sogar veränderte Augenmuskeln, die nicht mehr der Augenbewegung dienen, sondern Augen und das darüber liegende Gehirn heizen. Bei langen Beutezügen in großen, kalten Meerestiefen haben sie dadurch vielleicht einen selektiven Vorteil vor der kaltgehirnigen, langsamer reagierenden Beute.

Nach ungeprüften Quellen im WWW gewann Fidel Castro angeblich den ersten von bisher 55 nach Ernest Hemingway benannten Marlin-Angelwettbewerben vor Havanna. Womit wir wieder irgendwie bei ausgleichender Gerechtigkeit und „Dem alten Mann und das Meer“ angelangt wären.

39 Rettet den Australischen Lungenfisch!

Der moderne Mensch und das Tier stehen oft in direkter Konkurrenz um Lebensraum und andere limitierte Ressourcen. Dabei verliert fast immer das Tier. Jetzt geht es darum, ein ganz besonderes zu schützen und für die nächsten Generationen zu erhalten – den Australischen Lungenfisch.

Neoceratodus forsteri ist ein „lebendes Fossil". Schon zu Zeiten der Dinosaurier gab es ihn. Mit einem Alter von etwa 150 Millionen Jahren ist diese Art hundert mal so alt wie Homo sapiens und vielleicht die älteste der Welt. Sie sitzt ferner alleine auf ihrem evolutionären Ast, ihre nächsten lebenden Verwandten befinden sich in Südamerika und Afrika. Aber mehr als 150 Millionen Jahre unabhängige Evolution trennt sie von diesen Vettern. Erstaunlicherweise überlebten Lungenfische so lange trotz ihrer langsamen Lebensweise: diese Fische können über 100 Jahre alt werden und brauchen viele Jahre, um geschlechtsreif zu werden.

Lungenfische sind, wie wir erst seit etwa 15 Jahren sicher wissen, die nächsten lebenden Verwandten unter den „Fischen" zu den Landwirbeltieren – also den Amphibien, Reptilien, Vögeln und Säugetieren – und damit auch zu uns. Denn im Devon, vor etwa 360–380 Millionen Jahren, eroberten lungenfischähnliche Tiere das Land, und noch heute haben Lungenfische, wie ihr Name schon sagt, Lungen zur Sauerstoffaufnahme. Ohne Zugang zur Wasseroberfläche ertrinkt der Lungenfisch, genau wie wir. Auch ihre gliedmaßenähnlichen Flossen bereiteten die Nachfahren unserer urzeitlichen Fischvorfahren für ihre künftige Existenz an Land vor.

Trinkwasser ist schon jetzt eine limitierende Ressource der leider immer noch weiter wachsenden menschlichen Population auf einem zunehmend heißer werdenden Planeten. In Queensland, im nordöstlichen Australien, will die Regierung einen Damm bauen in dem letzten verbliebenen Fluss, dem Mary River, in dem sich der Lungenfisch noch fortpflanzt. Mit dem Stausee würde ihm das zum Laichen notwendige Fluss-Habitat genommen. Die gewollte oder zumindest gebilligte Ausrottung dieser einzigartigen Art – und eines langen evolutionären Astes – wäre ein wissenschaftliches Desaster und ein unersetzlicher Verlust für die Generationen nach uns.

Weltweit sind Wissenschaftler alarmiert und bitten die Regierung von Queensland, das Projekt einzustellen. Über 5000 Unterschriften wurden schon im Internet gesammelt: www.thepetitionsite.com/takeaction/ 610807318. Bitte unterschreiben auch Sie. Ihre Kinder werden es Ihnen danken.

40 Warum große Hunde Herzen brechen

Große Tierarten leben länger als kleine. Die positive Beziehung zwischen Körpergröße und Langlebigkeit ist ein bekannter evolutionärer Trend. So werden Elefanten bis zu 70 Jahre alt, Mäuse aber erleben meist nur einen Frühling. Dies trifft nicht nur für Säugetiere, sondern auch für Vögel, Reptilien und sogar wirbellose Tiere zu.

Teilweise ist das dadurch zu erklären, dass große Körper eine niedrigere metabolische Rate (Stoffwechsel pro Körpergewicht) verlangen. Das Oberflächen-zu-Volumen-Verhältnis bei Elefanten ist günstiger als bei Mäusen, die pro Gramm viel mehr Wärme verlieren und somit im Vergleich zu Elefanten pro Gramm Körpergewicht viel mehr Nahrung aufnehmen und verbrennen müssen. Dies bedeutet bei kleineren Tierarten nicht nur höhere Stoffwechselraten, sondern auch höheren oxidativen Stress, also Schädigung des Erbguts, was früheren Tod, etwa durch höhere Krebsraten, bedeuten kann.

Nur Hunde nicht! Hunderassen zeigen ein biologisch sehr ungewöhnliches Muster, denn Körpergröße und Langlebigkeit korrelieren bei ihnen negativ. So werden die sehr großen irischen Wolfshunde durchschnittlich nur etwa sechs Jahre alt. Sie werden auch die „Herzbrecherrasse“ genannt, denn ihr früher Tod bricht jedem Hundehalter das Herz. Dagegen werden kleine Rassen wie Pudel fast doppelt so alt. Diese Beziehung ist sehr merkwürdig, denn sie widerspricht der allgemein gültigen oxidativen Stress-Theorie. Warum sind Hunde anders?

Neben der Stoffwechselrate ist die Wachstumsrate ein Faktor, der lebensverkürzend wirkt. Je schneller Tierarten, oder Hunderassen, wachsen und geschlechtsreif werden, desto kurzlebiger sind sie. Die relativen Effekte dieser beiden Faktoren lassen sich experimentell trennen. Es zeigte sich, dass auch innerhalb von Rassen dieser Trend zutrifft, also langsamer wachsende Individuen länger leben. Schnelles Wachstum, wonach – möglicherweise unbewusst – bei der Zucht großer Hunderassen neben reiner Körpergröße selektiert wurde, ergab diesen ungewöhnlichen Trend, der großen Hunden ein relativ kurzes Leben bescherte.

Inzucht und damit verringerte genetische Variation und die Akkumulation von Genvarianten mit potenziell negativen Effekten in Hundezuchten scheinen die erwarteten Auswirkungen zu zeitigen. Denn Pudel mit nicht so langen Stammbäumen leben im Durchschnitt vier Jahre länger als solche mit Genealogien, die über zehn Generationen zurückzuführen sind. Also leben Pudelbastarde noch länger als der Pudelhochadel.

41 Samenbanken und Eispenden

„Suche junge, blonde, athletische, überdurchschnittlich intelligente (IQ-Angabe) Studentin über 1,78 m mit blauen Augen." So stand es in mehreren Collegezeitungen amerikanischer Eliteunis. Keine gewöhnliche Kontaktanzeige eines einsamen Physikstudenten, sondern die Suche der Firma „A Perfect Match" nach genetisch vermeintlich besonders guten Eispenderinnen. Über 10.000 Dollar werden manchmal geboten. Von „Eispende" kann da kaum noch die Rede sein.

Eigentlich dürften nach US-Gesetzen keine Körperteile verkauft werden, aber hier wird ja nur eine „Aufwandsentschädigung" gezahlt. Das Studentenbudget konnte man in den USA schon seit Jahrzehnten mit Samen- oder Eispenden auffrischen. In Berkeley kannte ich während meines Studiums Spender beiden Geschlechts. Aber das gesamte Studium konnte man so damals nicht finanzieren – mit mehreren Eispenden zu heutigen Preisen schon. Sie sind ein lukratives Geschäft geworden. Deutsche Krankenkassen haben fruchtbarkeitsunterstützende Maßnahmen wie In-vitro-Fertilisation im Leistungskatalog. In den USA bezahlten im vergangenen Jahr sechs Millionen Paare drei Milliarden Dollar für medizinische Eingriffe im Versuch, Kinder zu bekommen.

Es geht längst nicht mehr nur um die noble Aufgabe, verzweifelten Paaren zu Nachwuchs zu verhelfen, sondern um maßgeschneiderte Babys – man kann es auch Eugenik nennen. Dies ist keine neue Idee. Vor über 20 Jahren wurde das „Repository for Germinal Choice" in Kalifornien von Multimillionär Robert Graham gegründet – auch Nobelpreis- oder Geniussamenbank genannt. Bevor sie 1999 schloss, sollen 200 Babys aus dem Samen der 50 bis 100 – „by invitation only" – intelligenten, athletischen Spender gezeugt worden sein. Sie wurden dafür nicht bezahlt. Es ging Graham auch nicht ums Geld. Er war besessen von der Idee, die Welt genetisch „zu verbessern". Die geistigen und körperlichen Merkmale der Spender waren den Samen-Empfängerinnen bekannt, sie suchten sich den unbekannten Spender auch danach aus. Einige waren beliebter als andere.

Es gibt einige biologische Probleme mit diesem Ansatz – zu schweigen von ethischen. Etwa die unvorhersehbare Kombination der Gene: Die Schauspielerin Sarah Bernhardt soll George Bernhard Shaw ein Angebot gemacht haben, mit ihr ein Kind zu zeugen, mit den Worten: „Stellen Sie sich vor, ein Kind mit meinem Aussehen und Ihrer Intelligenz." Shaw soll geantwortet haben: „Stellen Sie sich vor, das Kind hat mein Aussehen und Ihre Intelligenz."

42 Kinder nach Maß oder Gen-Lotterie?

Ich maße mir kein Urteil an, war aber doch überrascht, in einer asiatischen Zeitung zu lesen, dass einige fruchtbare, reiche Chinesinnen ihre vom Samen ihres Mannes befruchteten Eier von Leihmüttern austragen lassen. So können sie weiter Karriere machen und laufen nicht Gefahr, ihre Figur durch die eigene Schwangerschaft zu beeinträchtigen. Im Bestreben, den Kindern die beste Zukunft zu ermöglichen, haben Eltern schon immer ihr Mögliches getan. Das beginnt mit der Wahl des Paarungspartners nach, wenn auch vielleicht unbewussten, aber sicher nicht zufälligen Kriterien. Warum sollten daher unfruchtbare Paare das Risiko eingehen, genetisch unbekannte Kinder zu adoptieren oder die anonymer Samen- oder Eispender zu gebären? Heute ist es technisch möglich, nicht nur nach tödlichen Genen im Embryo zu testen, sondern auch nach nichttödlichen Erbkrankheiten wie einer bestimmten Form von Taubheit, Arthritis oder der Veranlagung für Fettleibigkeit.

In den USA wurden schon Kinder besonders krebsgefährdeter Eltern vor der Implantation im 8-Zellen-Stadium auf Varianten eines potenziell tödlichen Krebsgens getestet. Genetik ist keine Wissenschaft des Schicksals, sondern eine der Wahrscheinlichkeit. Im konkreten Fall eines bestimmten Gens für Darmkrebs hat der Träger eine 20-fach erhöhte Wahrscheinlichkeit, den Krebs im Alter von 45 Jahren zu entwickeln, aber eine 90-prozentige Überlebenschance, wenn er rechtzeitig erkannt wird. Der Vater, der das Krebsgen trug, wird es mit 50-prozentiger Wahrscheinlichkeit an natürlich gezeugte Kinder weitergeben, denn jeder zweite Samen wird die defekte Genvariante enthalten. Sollten diese Wahrscheinlichkeiten als gott- oder naturgewollt hingenommen werden?

Je mehr über die genetische Basis menschlicher Erbmerkmale bekannt wird, um so mehr wird die Frage der Tests weniger eine der Machbarkeit, sondern eine der Ethik. Natürlich sind die Tests nicht billig. Das hat weitere gesellschaftliche Implikationen, denn es könnte dazu kommen, dass eine finanzkräftige, „genetisch kognizente“ Klasse Nachwuchs anders plant und zunehmend in vitro zeugt, während die Masse dies weiter auf natürliche Weise nach der genetischen Lotterie tun wird.

So ist es nur konsequent, dass, wie Lee Silver, Professor in Princeton, in seinem Buch „Das geklonte Paradies“ schreibt, Eltern das genetisch Mögliche tun, um ihren Kindern einen Vorsprung im Wettbewerb vor den Kindern anderer zu geben. Aber da maße ich mir, wie gesagt, kein Urteil an.

43 Die Währung der Wissenschaft

Norbert Häring und Olaf Storbeck haben unlängst im Handelsblatt die deutschsprachigen ökonomischen Fakultäten nach objektiven Kriterien unter die Lupe genommen. Die Zählung der Publikationen, also Evaluierung des wirklichen wissenschaftlichen Einflusses (Impact), zeigte, dass nur eine kleine Gruppe von Forschern und Fachbereichen in internationalen ökonomischen Fachjournalen auf Englisch publiziert. Somit ist die Masse der deutschen Forschung international wenig präsent.

Volkswirtschaft! Man sollte meinen, dies sei doch eine Wissenschaft, deren Ergebnisse und Prinzipien auf mehr als ein Land zutreffen und damit international relevant sind. Die Lingua franca der Wissenschaft ist Englisch – like it or not –, und wer nicht auf Englisch veröffentlicht, beschränkt seinen Leserkreis ungeheuerlich und ist global nicht präsent. Ungelesene Veröffentlichungen aber führen zur Obskurität.

Man darf jedoch nicht vergessen, dass es sehr verschiedene Publikationskulturen in wissenschaftlichen Disziplinen gibt. Die Unterschiede betreffen unter anderem die Ko-Autorenschaft, die Art des Zitats, das Publikationsmedium. In den Geisteswissenschaften zählt das eigene Buch oder das Kapitel im Sammelband, welches möglichst umgeben ist von denen angesehener Kollegen, oder gar die Festschrift zum runden Geburtstag – oder Tod – des berühmten Kollegen. Auch wird noch meist in Zeitschriften und Verlagen des Vaterlandes veröffentlicht. So reduziert sich der Leserkreis auf die, die die Muttersprache beherrschen.

Anders in den Naturwissenschaften. Bücher oder Buchkapitel zu schreiben wird vermieden, denn ein Buch ist langsamer als eine Zeitschrift und damit schneller veraltet. Auch werden die meisten wissenschaftlichen Bücher nur in wenigen hundert Kopien gedruckt und preislich so kalkuliert, dass gerade einmal die größten Bibliotheken der Welt ein Exemplar kaufen (müssen). Somit sind auch die Büros vieler Naturwissenschaftler erschreckend buchleer.

Sehr wichtig ist für sie, dass Bücher und deren Zitate meistens bibliometrisch nicht erfasst werden und so in den messbaren Kriterien des „Impacts" kein Gewicht haben. So wirkt die Einladung zu einer naturwissenschaftlichen Konferenz mit der Verpflichtung, ein Buchkapitel abzuliefern, eher abschreckend. Naturwissenschaftler streben daher nach Veröffentlichungen in angesehenen, das heißt oft zitierten, Fachzeitschriften. Und auf den Impact und darauf basierende Rankings kommt es immer mehr an, auch in Deutschland. Vielleicht sogar mittlerweile zu sehr.

44 Stipendiaten, kommt zurück!

Es ist unnötig, in Zeiten der „flachen Erde", wie „New York Times"-Kolumnist Thomas Friedman sie nennt, zu erwähnen, dass wir in einer globalisierten Welt leben. Unsere Mobiltelefone werden in Asien zusammengebaut, und die Call-Center der Lufthansa sind in Indien. Diesen Trend wird gerade der Exportweltmeister Deutschland nicht aufhalten. Aber das Land der Dichter und Denker, der Tüftler und Maschinenbauer sollte (muss!) von der wissenschaftlichen Globalisierung profitieren – derzeit zahlen wir nämlich volkswirtschaftlich kräftig drauf.

Deutschland exportiert zu viele seiner besten Wissenschaftler-Gehirne, leider nicht mit Gewinn, sondern mit einem horrenden wissenschaftlichen und wirtschaftlichen Verlust. Sie haben hier meist umsonst Schulen und Universitäten besucht – der Steuerzahler ermöglicht es – und arbeiten nun für die Konkurrenz in den USA oder

Singapur. Die Importländer zahlen nichts für unsere Wissenschaftler, sondern bekommen sie umsonst, meist sogar noch subventioniert durch deutsche Auslandsstipendien. Die Forschungsemigranten zahlen auch nicht die Kosten für ihre Ausbildung an den Steuerzahler zurück. Sollten sie aber.

Sie gehen, weil sie bessere Forschungs- und Lebensumstände im Ausland erwarten. Vielleicht oft zu Recht. Aber es wird auch zu viel glorifiziert in den USA und schlechtgeredet hierzulande. Unstrittig ist, dass Deutschland als Forschungsstandort mit einem in- und externen Imageproblem kämpft. Die Sprachbarriere, steile Hierarchien, schildbürgerhafte Bürokratie, hohe Steuern, Missgunst, Neid und zumindest international so empfundene Xenophobie in Deutschland fördern nicht gerade die Migration der besten ausländischen Wissenschaftler zu uns. Es kommen zwar immer mehr internationale Studenten, aber sie sind meist nur zweite oder dritte Wahl, die nicht an den Eliteunis in England oder Amerika zugelassen wurden. Absurd ist, dass der Steuerzahler auch noch diesen ausländischen Studenten Stipendien zahlt, damit sie hier – ohne Studiengebühren – studieren dürfen. Das hier erworbene Wissen geht dann oft nach Bulgarien, China, Peru oder Indien zurück. Diese Entwicklungshilfe könnte langfristig eher schaden.

Nur Studiengebühren, die die wirklichen Kosten für den Nachwuchs deutscher Steuerzahler decken, können den volkswirtschaftlichen Verlust der auswandernden Wissenschaftler vermindern. Deshalb sollten Auslandsstipendien an eine Rückkehr- oder Kostenrückzahlungspflicht gebunden werden, wie dies in vielen anderen Ländern der Fall ist. Auch müssten ausländische Studenten, aber auch solche anderer Bundesländer höhere Studiengebühren zahlen. So funktioniert dies an den öffentlichen Universitäten der USA, denn die Steuern der Eltern haben schließlich nicht zur Finanzierung der Unis beigetragen.

Gleichzeitig müssen sich auch Image und Wirklichkeit an deutschen Universitäten verbessern, denn zahlungskräftige und begabte ausländische Studenten haben die Wahl in einer globalisierten Welt. Damit wären wir auch wieder bei volkswirtschaftlichen Überlegungen und beim Geld. Aber meiner Meinung nach ist Geld nicht einmal das vornehmlichste Problem der deutschen Universitätslandschaft.

45 Wie leitet man eine Universität?

In erfreulichen Zeiten wachsender Unabhängigkeit der immer noch notorisch bürokratisch blockierten und in einer Beamtenmentalität erstarrten deutschen Universitäten erhalten im Zuge der Reformen Rektoren oder Präsidenten mehr Macht und Autorität. Dies ist eigentlich eine wünschenswerte Entwicklung – weg von der Überdemokratie einer Schwanitz-Schildhausen-Universität, in der jede noch so fachfremde Frauenbeauftragte Berufungen blockieren kann, hin zu dem Modell eines straff geführten mittelständischen Unternehmens. So sehen einige Universitätsleitungen gern „ihre" neuen Hochschulen. Der Vergleich hinkt, denn bei fünf Monaten Semesterferien im Jahr und der daraus folgenden Lähmung des Kommissionsbetriebs wäre jede Firma schon in Konkurs.

Doch das Ausprobieren eines neuen Selbstverständnisses von Universitäten und ihren Leitungsebenen ist ein willkommener, zager Neubeginn. Die Demokratie der universitären Selbstverwaltung ist schließlich auch nur eines unter anderen denkbaren Modellen. So sind die Präsidenten amerikanischer Universitäten meist nicht von deren Professoren aus deren Mitte gewählt und relativ unabhängig von ihnen. Sie sind meist professionelle(re) Manager, dementsprechend besser bezahlt und können recht autokratisch weit reichende Entscheidungen fällen. Diese kontrollierte Form der Diktatur kann Vorteile bringen für eine Universität – wenn der Präsident nicht von persönlichen Machtgelüsten geleitet wird. Dies wird schnell zur Entfremdung führen, bis hin zur Revolte, die dann auch, wie im Fall von Lawrence Summer in Harvard, in seinem verfrühten Abgang resultieren kann. Ein Managerdasein eben.

Aber es gibt auch Beispiele begnadeter natürlicher Führungspersönlichkeiten, die es in den deutschen Übermitspracheuniversitäten geschafft haben, einen konstruktiven Rapport mit allen Mitgliedern zu etablieren. So jemand, Horst Sund aus Konstanz, feiert diese Woche seinen 80. Geburtstag. Er setzte als Rektor von 1976 bis 1991 als selbstloser und engagierter Konsensbildner ein leuchtendes Beispiel, wie mit warmer Menschlichkeit Leistung zum größeren Allgemeinwohl gefordert und gefördert werden kann.

Als Biochemiker konnte er mit seinen jovialen Umgangsformen besser als mit einem autokratischen Gegeneinander eine organische Chemie an der Universität vorleben, die zum verbesserten Aroma und Allgemeinwohl der Universität führte. Vielleicht kann ein Biochemiker so etwas mit der persönlichen Chemie einfach besser.

46 Globaler Klimawandel und Evolution

Der britische Magnat Richard Branson hat sich verpflichtet, in den nächsten zehn Jahren drei Mrd. Dollar in Firmen zu investieren, die alternative Energien entwickeln und nicht zum Klimawandel beitragen. Dies gab er jüngst beim Treffen der philanthropischen Stiftung der „Clinton Global Initiative“ bekannt. Unseren Kindern werden wir eine klimatisch veränderte Welt hinterlassen. Sie erben vor allem mehr Kohlendioxid in der Atmosphäre und damit mehr Hitze, die den Ökosystemen in wenigen menschlichen Generationen Schaden zugefügt hat und noch mehr zufügen wird. Es ist offensichtlich, dass alle Maßnahmen zu spät kommen werden und die Veränderungen schon unumkehrbar sind. Der durch schmelzendes Polareis steigende Meeresspiegel wird die Küsten ins heutige Landesinnere verschieben. Riesige neue Dämme müssen nicht nur in New Orleans, sondern von Bangladesch bis Holland den uralten Lebens- und Kulturraum der Küstenstädte schützen. Der globale Klimawandel wird aber nicht nur für den Menschen negative Folgen haben.

Sich verschiebende Verbreitungsmuster von Pflanzen und Tieren zeigen bereits die evolutionsbiologischen Auswirkungen des Klimawandels: Seit einigen Jahren finden sich afrikanische Bienenfresser-Vögel am Kaiserstuhl, karibische Rotflossenfeuerfische vor Long Island und Seekühe aus Florida wandern immer öfter in den Hudson River New Yorks. Die Geschwindigkeit des Wandels aber übersteigt die Fähigkeiten vieler Pflanzen und Tiere, sich den neuen Verhältnissen anzupassen oder zu wandern. Die Neuankömmlinge verändern die Interaktionen zwischen Tieren und Pflanzen.

In den nächsten 100 bis 200 Jahren werden wahrscheinlich sehr viele Arten aussterben. Das liegt nicht nur an der Geschwindigkeit des Klimawandels, sondern auch an der weltweiten Vernichtung des Lebensraums. Evolutionär gesehen sind drei menschliche Generationen ein Augenblick. Das Ergebnis wird vielleicht aber dem Desaster vor 65 Millionen Jahren gleichen, als durch einen Asteroiden-Einschlag die Dinosaurier verschwanden. Dies war nur eins der fünf großen Massenaussterben. Auch schon am Ende des Perms vor etwa 250 Millionen Jahren führte ein geologisches Ereignis zu einem Massenaussterben von mehr als 70 Prozent der Meeresbewohner. Die Ursachen dieser Biokrisen sind noch nicht in allen Fällen völlig klar – vielleicht waren es im Perm Vulkan-Aktivitäten. Zynisch kann man als einzigen Lichtblick der jetzigen Situation ansehen, dass wir das sechste große Massenaussterben live miterleben und wissenschaftlich dokumentieren können. Diesmal ist die Ursache allerdings klar – sie heißt Homo sapiens.

47 Carpe diem, German Universities!

Die USA waren neben England in den letzten Jahrzehnten die internationalen Magneten für die weltweit klügsten Studenten. Ein Oxford oder Harvard im Lebenslauf ist immer noch eine sehr gute langfristige Investition, für die sich mancher gerne hoch verschuldet. Dies ist auch immer noch der Fall, doch hat sich das Image der USA nach den außenpolitischen Eskapaden der Bush-jr.-Regierung so sehr verschlechtert und auch die Einreise- und Studenten-Visapolitik so verschärft, dass für viele begabte und/oder zahlungskräftige Studenten Amerika nicht mehr die erste Studienortwahl ist.

Insbesondere Australien und Neuseeland profitierten in den letzten Jahren merklich von dem Imageverlust Amerikas – dort haben sich die Zahlen der ausländischen Studenten mehr als verdoppelt. In Neuseeland und Australien spricht man gar von einer „foreign student industry", denn die Studiengebühren und Talentzufuhr der meist asiatischen Studenten sind ein Milliardengeschäft und machen einen merklichen Anteil der Devisenzufuhr dieser Länder aus. Auch für viele, sehr viele deutsche Studenten sind ihre Universitäten beliebte Ziele. Dabei sind sowohl das Niveau der Forschung als auch die Ausstattung der Labore Neuseelands und Australiens meist weit schlechter als hierzulande, wovon ich mich gerade auf einer Forschungsreise dorthin überzeugen konnte. Wo stehen Deutschlands Universitäten im internationalen Wettbewerb? Unsere universitäre

Ausbildung ist viel besser als ihr internationales Image. Deutsche Universitäten sollten ihre Chance nutzen und auch Studenten und Wissenschaftler anziehen, denen die USA zu konservativ und religiös-irrational geworden sind. „Du bist Deutschland" muss sich international herumsprechen. Reputation ist alles. So ist die Exzellenzinitiative vielleicht ein guter Anfang für die Namens- und Reputationsbildung deutscher Universitäten. Das Internat in Salem, welches einen guten internationalen Ruf genießt, macht es vor. Auch wenn es im sich immer schlecht redenden Deutschland angesiedelt ist, nimmt dort die Zahl der zahlungskräftigen, zunehmend auch asiatischen Schüler nicht ab. Im Gegenteil: Osteuropäer, Araber und Asiaten drängen sich darum, dort lernen zu dürfen.

Sprache ist weiterhin eine der größten Barrieren. Denn die internationale Beliebtheit australischer Universitäten hat nicht zuletzt damit zu tun, dass die Koreaner und Chinesen dort Englisch lernen. Dieser Standortnachteil Deutschlands ließe sich leicht ändern, denn in unseren Laboren wird sowieso schon hauptsächlich nur Englisch geredet, warum nicht auch in unseren Hörsälen? Das würde sich schnell herumsprechen.

48 Eisige Arche Noah für die Zukunft

Dass das Weltklima durcheinander gerät, geht auch die Wirtschaft an, wie die Studie des Ökonomen Nicholas Stern zeigt. Wenn nicht geschätzte 5,5 Billionen Euro zur Bekämpfung aufgebracht werden und insbesondere nicht China und die USA mit ins Boot geholt werden können, wird in den nächsten Jahrzehnten die Durchschnittstemperatur des Globus um 5 Grad Celsius steigen – und die Weltwirtschaft in eine Krise stürzen.

Hoffentlich wird viel Geld und die radikale Umstellung unseres Lebenswandels den Klima-Effekt verlangsamen, aber für sehr viele Bewohner des Planten ist es schon zu spät. Sterns Papier berechnet, dass in den nächsten Jahrzehnten 40 Prozent aller Arten aussterben könnten. Den Gletscher auf dem Kilimandscharo in Afrika können Sie jetzt noch besteigen, aber Ihren Enkeln wird die Eiskappe nur aus Bildern bekannt sein. Dies ist bedauerlich für uns Menschen, aber tödlich für einheimische Tier- und Pflanzenarten, die nur auf dieser feuchten Berginsel im trockenen Meer der Savanne leben.

Durch menschengemachten Klimawandel, Umweltverschmutzung und Vernichtung von Lebensraum befindet sich die Erde mitten im sechsten Massenaussterben ihrer mehr als viereinhalb Milliarden Jahre langen Geschichte. Das fünfte war der Asteroideneinschlag vor 65 Millionen Jahren, der zum Aussterben der Dinosaurier beitrug. Damals gab es lediglich eichhörnchengroße Säugetiere, von Hominiden war die Evolution noch über 60 Millionen Jahre entfernt. Der Homo oeconomicus schaffte es seit der industriellen Revolution vor weniger als 200 Jahren, den Lebensraum aller Lebewesen zu verändern. Wahrlich, die Erde haben wir uns untertan gemacht. Wir müssen uns dieser evolutionären Verantwortung stellen!

Wissenschaftler haben politisch meist nicht viel zu sagen, sie können nur ihren kleinen Beitrag zur Zukunft unseres Planeten leisten. Im „Frozen Ark Consortium" werden in weltweit verteilten Zentren in riesigen Kühlschrank-Batterien und in flüssigem Stickstoff das Erbgut und Zellkulturen von Tausenden bedrohten Tierarten eingefroren. Das Ziel ist eine verlängerte Zukunft dieser Tierarten. Wenn etwa Schneeleopard- und Spitzlippennashornmütter in einigen Jahrzehnten in der Wildbahn ausgerottet sein werden, wird man mit verwandten Leihmüttern diese Tierarten zu klonieren versuchen. Noch ist dies Zukunftsmusik (in Moll). Diese Klone könnten dann im Zoo den Enkeln gezeigt werden. Ein schwacher Trost. Denn neue, freie

Populationen mit diesen Zukunftstieren etablieren zu wollen wäre zu optimistisch gedacht. Die natürlichen Habitate werden nämlich wohl verschwunden sein. So naiv sind selbst die idealistischsten Wissenschaftler nicht.

49 Der Kanal und die Evolution

Nach Nicaragua kam ich 1984 zum ersten Mal, um Fische für meine Doktorarbeit zu fangen. Andere Ausländer waren dort, um Daniel Ortega und den Marxisten bei der Kaffeeernte zu helfen. Vieles hat sich seither zum Guten gewendet, heute tritt Ortega in einer demokratischen Wahl gegen den damaligen Chef der von den USA unterstützten Contra-Rebellen, Eden Pastora, an. Der Bürgerkrieg ist vorbei – aber die Armut ist geblieben.

So wird derzeit ein alter Plan wiederbelebt, der Einnahmen bringen soll: ein Kanal zwischen Atlantik und Pazifik. Nachdem Ferdinand de Lesseps den Suezkanal gebaut hatte, erwarben die Franzosen das Recht, den Panamakanal zu graben. Als sie wegen technischer Schwierigkeiten und Tropenkrankheiten 1888 scheiterten, übernahmen die Amerikaner den Bau. Damit waren ältere Pläne von Cornelius Vanderbilt für einen Kanal durch Nicaragua vergessen. Vanderbilt hatte schon vorher mit Eisenbahnen und Booten einen Handelsweg zwischen San Francisco und New York geschaffen, durch Nicaragua. Panama plant nun, seinen Kanal zu verbreitern, damit auch die größten Containerschiffe durch die Schleusen passen.

Die Schließung des Isthmus von Panama zwischen Nord- und Südamerika vor etwa drei Millionen Jahren durch die Bewegung der Kontinentalplatten veränderte das Weltklima. Der Isthmus erst ermöglichte den wärmenden Golfstrom. Er veränderte Fauna und

Flora beider Amerikas, denn es kam zu einem Austausch von Arten, die vorher nur im Norden oder Süden lebten. Nur wenige Säugetiere wie das Opossum und das Stachelschwein kamen nach Norden. Aber viele Säugetiere, wie Bären, Katzenartige, Pferde und Lamas, wanderten in den Süden. Auch Meeresbewohner waren betroffen: Seit dem Isthmus gingen sie evolutionär getrennte Wege, und viele so genannte Schwesterarten entstanden aus ursprünglichen Arten, denn es konnten keine homogenisierenden Gene mehr zwischen atlantischen und pazifischen Populationen fließen.

Die künstliche Verbindung der Ozeane könnte einen großen evolutionären Effekt haben, wenn süßwassertolerante Arten vielleicht wieder Gene zwischen den Ozeanen austauschen, was viele junge Arten wieder verschwinden ließe. Viel schneller als die evolutionären Veränderungen würden sich die ökologischen Schäden für die einmaligen Süßwasserhabitate und die atlantischen Tropengegenden Nicaraguas zeigen. Aber wer kann es einem armen Land verdenken, wenn es über Wege zu größerem Wohlstand nachdenkt?

50 Genom und Rassen des Menschen

Als am 26. Juni 2000 Bill Clinton und Tony Blair verkündeten, dass das menschliche Genom „entschlüsselt" sei, wurde dies als Meilenstein der Wissenschaft gefeiert. Mit diesem Tag traten wir in die „postgenomische Phase" ein. Leider war das Genom nicht wirklich komplett sequenziert, und von „verstanden" kann noch immer keine Rede sein. Aber die Genomik und daraus erwachsene neue Disziplinen wie Systembiologie sind heiße Forschungsgebiete – neue Zeitschriften und Professuren schießen wie Pilze aus dem Boden, in den USA, England, Singapur und China. Nur nicht in Deutschland.

Wieder mal den Zug verpasst. Die Genomik ist auch wirtschaftlich bedeutend. Die „Pharmakogenomik“ sucht nach Behandlungen und Medikamenten-Cocktails, die auf Einzelne oder Gruppen von Patienten zugeschnitten sind und auf deren spezieller Genzusammensetzung beruhen.

Patientengruppen? Kaum eine Frage erregt die Gemüter so sehr wie das Konzept und die genetischen Grundlagen menschlicher „Rassen“. Es ist nicht „politically correct“, sie zu erforschen oder auch nur das Wort in den Mund zu nehmen. Ein ethisches Minenfeld, gerade in Deutschland, aber auch dem PC-Zentrum der Welt, den USA. Immer häufiger erscheinen aber Artikel in renommierten Fachzeitschriften, die entweder kategorisch behaupten, dass es keine biologischen (genetischen) Grundlagen für menschliche Rassen gibt, oder aber – was jeder Arzt weiß –, dass es sehr wohl eine Beziehung zwischen gesundheitlichen, genetisch bedingten Risikofaktoren und Prädispositionen für bestimmte Krankheiten bei bestimmten Patientengruppen gibt, ohne sie Rassen zu nennen. Es gibt biomedizinische und populationsgenetische, objektive Kriterien, nach denen menschliche Populationen charakterisiert und kategorisiert werden könn(t)en. Dafür sind nur relativ wenige „Markergene“ nötig, die in verschiedener Häufigkeit oder Zusammensetzung auftreten bei der ältesten und genetisch diversesten Population, den Afrikanern, und jüngeren Populationen, die von ihnen abstammen. Zu Letzteren gehören „Kaukasier“ (wie „Weiße“ in den USA genannt werden), Bewohner der pazifischen Inseln (z. B. Papua-Neuguinea und Melanesien), Ostasiaten und die jüngste Gruppe, die nordamerikanischen Ureinwohner (man nennt sie nicht mehr „Indianer“). Die biologisch-genetische Basis für Unterschiede zwischen Menschen verschiedener geographischer Herkunft besteht sehr wohl. Die Pharmaindustrie weiß es längst und forscht daran. Man darf das Kind nur nicht beim Namen nennen.

51 Noch einmal: „unintelligent design"

Vor einem Jahr schrieb ich in der ersten Kolumne: „34 Prozent aller Amerikaner glauben, dass Adam und Eva auf Dinosauriern zur Kirche ritten!" Die Intention dieses damaligen Einstiegs war nicht nur, die Absurdität des Glaubens der meist amerikanischen fundamentalen Christen bloßzustellen, sondern generell für eine rationale, wissenschaftliche Weltsicht zu plädieren. Kreationisten – oft im Gewand des „intelligent design" – argumentieren ernsthaft für die Echtheit des Schöpfungsmythos der Bibel. Man muss sich einmal klarmachen, was das heißt: Danach waren also auch Dinosaurier und Homo sapiens gemeinsam auf der Arche Noah?!

Leider verpassten sich Brontosaurus und Homo um etwa 65 Millionen Jahre und standen sich nie Aug in Aug gegenüber. Dies ist eine wissenschaftliche Tatsache. Man soll glauben dürfen, was man will, aber religiöse Vorstellungen haben nichts mit Wissenschaft zu tun und nichts im Biologieunterricht zu suchen. Ja, meiner Meinung nach, nicht einmal auf Schulen, wenn wir die Trennung von Kirche und Staat wirklich ernst nehmen. Religion und Wissenschaft sind zwei Paar Schuhe. Unseren Kindern wird mit solchen „Lehren" ein Bärendienst erwiesen, die ins Mittelalter zurückführen. Dies betrifft fundamentale Christen genauso wie andere Religionen, die wissenschaftliche Erkenntnisse negieren, weil sie nicht zu ihren Mythen passen.

Ein Jahr später. Nicht zu fassen, aber selbst im Land der Dichter und Denker ist der Schwachsinn der Kreationisten nicht totzukriegen – und nicht aus der Presse zu bringen. Von Thüringen bis Hessen erblöden sich Politiker, diese literalbiblischen, unwissenschaftlichen Ideen unseren Schülern beibringen zu wollen. Meine Entrüstung über diese Unglaublichkeit hat nichts mit wissenschaftlichem Dogma zu tun. Wissenschaft lebt von konstruktivem Dissens und Diskurs, aber nicht von der Auseinandersetzung mit religiösen Ideen, die sich wissenschaftlicher Überprüfung entziehen. Warum sollten wir den Schülern sonst nicht auch von Theorien über Außerirdische berichten, die den Mayas das Gold stahlen? Nicht wirklich, oder? Freiheit des Denkens und der konkurrierenden Meinungen ist ein hohes Gut, welches verteidigt werden muss, aber alles zu seiner Zeit.

Das kommt davon, wenn Bildungs- und Wissenschaftsminister nach religiöser oder politischer Überzeugung statt nach Sachverstand ausgewählt werden. Von Gentechnik bis Stammzellforschung wird von Schwarz bis Grün im Lande der fehlenden Rohstoffe die notwendige Forschung verboten und der Fortschritt gehemmt. Deutschland hat mehr Sachverstand verdient. Dies ist doch nicht Kansas – Gott sei Dank.

52 Forschung verschwindet im Cyberspace

Wie kommen wissenschaftliche Nachrichten in die Presse? Sie werden zuerst nach kritischer, anonymer Begutachtung durch Kollegen und nachfolgenden Korrekturen der Autoren in wissenschaftlichen Zeitschriften veröffentlicht. Die führenden, vor allem „Nature" und „Science", drucken nur einen kleinen Prozentsatz der eingereichten Manuskripte, und nur sie haben Presseabteilungen, die die Ergebnisse in Pressemeldungen leicht verständlich für Journalisten erklären und vorverdauen. Die Allgemeinheit erfährt also nur von einem kleinen Teil wissenschaftlicher Ergebnisse. In diesen Journalen zu veröffentlichen bedeutet damit für den Autor vermehrtes Ansehen und vielleicht auch mehr Forschungsmittel, Angebote anderer Universitäten und Gehaltserhöhungen.

„Nature" und „Science" sind aber nur die allerkleinste Spitze des

Eisbergs aus zehntausenden wissenschaftlichen Zeitschriften. Beide haben wöchentliche Auflagen von fast 250.000, aber viele der „normalen" Zeitschriften erscheinen nur monatlich und mit nicht mehr als 3.000 Exemplaren. Information ist alles in der Wissenschaft. Der Trend geht weg vom Papier hin zur parallelen oder alleinigen Veröffentlichung im Internet. Wissenschaftler tauschen Informationen immer schneller aus, indem sie sich direkt vom Journal oder über Suchmaschinen Pdf-Dateien von Artikeln herunterladen.

Allerdings kostet auch die Produktion virtueller Zeitschriften Geld. Dies wird verdient, indem der Zugang auf Abonnenten, also individuelle Wissenschaftler oder Bibliotheken ihrer Universitäten beschränkt wird. Ein anderes, immer beliebteres Businessmodell von Online-Journalen gibt jedem Nutzer freien Zugang zu den Artikeln, aber dann müssen die Autoren für die Begutachtung und die mögliche Veröffentlichung im Cyberspace aus ihren Forschungsmitteln bezahlen – meist etwa 1.500 Dollar pro Manuskript –, sonst wird nicht einmal begutachtet. Bibliotheken haben aus Platz- und vor allem Geldmangel große Probleme mit der Informationsexplosion, dem Speichern und dem Zugang zu Online-Journalen. So hat meine Universität nur Geld für einige hundert naturwissenschaftliche Journale. Harvard oder die University of California haben Zugang zu fast 27.000 elektronischen Journalen.

Eine weitere Befürchtung der Bibliothekare und Wissenschaftler ist nun wahr geworden. Elektronische Journale können eingestellt werden. Ein wissenschaftlicher wie auch wissenschaftshistorischer Albtraum, wenn es keine gedruckten, allgemein zugänglichen Kopien mehr gibt. Dieses Horrorszenario passierte gerade mit „Phyloinformatics". Die Information, die dort veröffentlicht wurde, ist wohl für immer im Cyberspace evaporiert, verdampft, Bit für Bit.

53 In Memoriam Baiji (Lipotes vexillifer)

Der seltenste Wal der Welt, der chinesische Flussdelfin (auch Baiji genannt) ist vermutlich ausgestorben. Diese wundersame Art fiel der Jagd, den Staudämmen, der Industrialisierung und der daraus resultierenden Umweltverschmutzung in China zum Opfer. Die nach immer größerem Reichtum strebenden Chinesen sind dadurch ärmer geworden, und mit ihnen die ganze Welt.

Der Baiji war der Wissenschaft für nicht einmal 100 Jahre bekannt, denn „Lipotes vexillifer", wie der wissenschaftliche Name des chinesischen Flussdelfins lautet, wurde erst 1918 als neue Art beschrieben. Der letzte Flussdelfin wurde jedenfalls im vergangenen Jahr gesehen und, wie gerade gemeldet, hat eine aktuelle Expedition auf dem Jangtse-Fluss kein einziges Exemplar mehr gefunden. 1986 wurde die gesamte Population im über 6000 Kilometer langen Jangtse auf nur 300 Individuen geschätzt. Und es wurden schnell noch weniger: 1990 waren es 200, 1997 50 (laut Wikipedia wurden nur 23 gesehen), und 1998 waren es nur noch 8 Baijis. Deren Schicksal war besiegelt.

Das Wuhan Institute of Hydrology der Chinesischen Akademie der Wissenschaften, an dem heute auch eine ehemalige chinesische Mitarbeiterin von mir arbeitet, ist verantwortlich für deren Schutz und Erforschung. Dort lebte im Baiji Dolphin Aquarium noch von 1980 bis 2002 „Qiqi", der letzte bekannte Vertreter der Familie Lipotidae in der Superfamilie Platanistoidae – in Gefangenschaft.

Flussdelfine zeichnen sich durch sehr lange Schädel aus, kleine dreieckige Rückenflossen, breite, fast fingerartige Flossen und besonders lange und bewegliche Hälse. Da das Wasser in ihren Flüssen trüb ist, verlassen sie sich fast ausschließlich auf Echo-Ortung, um Beute zu fangen. So sind die Augen meist nutzlos und stark reduziert, der blinde indische „Susu" hat sogar deren Linsen verloren.

Es werden weltweit nur vier Arten zu dieser Superfamilie der

Flussdelfine gezählt, die in vier großen Flusssystemen gefunden werden. In Asien lebt neben dem Baiji im Jangtse noch der erwähnte blinde „Susu“ (Platanista gangetica) im Ganges, Indus und Brahmaputra. In der neuen Welt ist nur der Amazonas Flussdelfin „Boto“ (Inia geoffrensis) ein ausschließlicher Süßwasserbewohner, wohingegen der La Plata Delfin (Pontoporia blainvillei) auch in den Brackwassern Brasiliens und Argentiniens zu finden ist.

Vor einigen Jahren erforschten wir durch vergleichende genetische Analysen zusammen mit Kollegen aus mehreren anderen Ländern die evolutionären Beziehungen der Flussdelfine zu anderen Vertretern der Zahnwale, wozu neben Delfinen auch, Killer-, Schnabel- und Pottwale gehören. Es stellte sich heraus, dass die Arten der Flussdelfine evolutionär nicht zusammengehören. Ihre Gene zeigten, dass die Ähnlichkeiten der Tiere nur oberflächlich sind und nicht auf gemeinsame Vorfahren, also eine evolutionäre Wurzel zurückgehen.

Die Flüsse wurden also mehrfach unabhängig von Zahnwalen aus dem Meer besiedelt. Dies passierte schon vor etwa 45 Millionen Jahren im Falle des Susu, vor 40 Millionen Jahren im Falle des Baiji, und der Boto wanderte erst vor etwa 25 Millionen Jahren in den Amazonas. Taxonomisch betrachtet, also bezüglich der Systematik der Arten, sind damit alle Flussdelfine nicht einmal wirkliche Delfine, sondern stammen von ganz unterschiedlichen Linien von Wal-Vorfahren ab.

Die Evolution hat sich also in den Flussdelfinen wiederholt – man nennt dieses interessante Phänomen Konvergenz. Nun ist Lipotes vexillifer, ein faszinierendes Forschungsobjekt und ein wunderschönes Tier, für immer vom Planeten Erde verschwunden – durch Homo sapiens natürlich, oder eher unnatürlich.

54 Eugenik und die Hundepfeife

Francis Galton, ein Vetter zweiten Grades von Charles Darwins, war einer der höchstdekorierten Wissenschaftler seiner Zeit. Viele seiner Erfindungen, wie die Korrelation und Regression in der Statistik, aber auch die Wetterkarte sind noch heute in Gebrauch. Er erfand grundlegende Konzepte und Methoden der Statistik, der Psychologie und der Genetik. Der Intelligenz-Quotient, die Fingerabdruck-Analyse und sogar die Hundepfeife gehen auf ihn zurück. 1883 führte er den Begriff „Eugenik" ein, der seinen Ruf bis heute belastet. Das Galton Institute of Eugenics am University College in London wurde später nur zum Galton Institute.

Darwins „Origin of Species" prägte Galton. Das Kapitel über Variation und Domestizierung von Haustieren motivierte ihn wohl, alles scheinbar Messbare am Menschen zu quantifizieren, etwa kognitive Fähigkeiten, Gesichter und Fingerabdrücke. Alles zählte und maß er und versuchte zu verstehen, welcher Anteil der Variation innerhalb und zwischen menschlichen Populationen erblich sei. Er schlug Zwillingsstudien und Adoption als Methoden vor, um den Effekt der Vererbung vom Einfluss der Erziehung und Kultur zu trennen und erfand dafür das Begriffspaar „nature" und „nuture". Die politisch motivierte Karikierung dieser Ideen führte dazu, dass bald weltweit von „gesunden" Familien und Rassen gesprochen wurde. Viele Länder (zum Beispiel die USA) führten diskriminierende Gesetze bis hin zur Zwangssterilisation ein. Die Version der deutschen Nationalsozialisten war zunächst keine Ausnahme, sondern entsprach dem Zeitgeist, wenn auch in abscheulichster Art und Weise. Das marxistische, die Genetik verneinende Extrem erlitt China in der Kulturrevolution der 1960er Jahre, wieder mit Millionen unschuldiger Opfer.

Dieses gesellschaftspolitisch wichtige Thema ist offensichtlich noch heute, fast 100 Jahre nach Galtons Tod, beladen mit Emotionen und Ideologien. Kein Wunder, denn die Nazis verwirklichten die sozialdarwinistische Interpretation Galtons in ihrer horrendesten Form, wie die Ausstellung „Tödliche Medizin – Rassenwahn im Nationalsozialismus“ in Dresden zeigt. Zur Vorbereitung darauf lesen Sie bitte das 25 Jahre alte Buch „Mismeasure of man“ des marxistischen Evolutionsbiologen Stephen Jay Gould, der das Thema nicht ganz frei vom Einfluss seiner politischen Überzeugung anspricht.

Darwin kann dies alles nicht angelastet werden, denn er schrieb: „if the misery of our poor be caused not the laws of nature, but by our institutions, great is our sin“.

55 Neue Art als Geschenk zu Weihnachten

Wir gehören bekanntlich zur Art „sapiens“, der Wissenden also. Genauer ist unsere Art der Gattung „Homo“ zugeschrieben, die wir uns noch mit anderen, ausgestorbenen Arten wie erectus, habilis und neanderthalensis teilen. Carl von Linné erdachte sich dieses binominale System der biologischen Einteilung von Arten zu Gattungen im 18. Jahrhundert, und gemäß diesem „Linnéschen System“ ist es bis heute immer noch gebräuchlich, neue Arten in der damaligen Lingua franca der Wissenschaft, Latein, zu benennen.

Im kommenden Jahr feiert die Welt, zumindest die wissenschaftliche und insbesondere die in der schwedischen Universitätsstadt Uppsala, den 300. Geburtstag des Carolus Nilsson Linnaeus (nach seiner Erhebung in den Adelsstand 1762 Carl von Linné), des Begründers der Taxonomie (der Einteilung der Lebewesen) und Erfinders der binominalen Nomenklatur.

In seinem 1735 veröffentlichten Hauptwerk „Systema Naturae“ klassifizierte Linnaeus Pflanzen, Tiere, aber auch Mineralien mit wissenschaftlichen Namen. Ab der 10. Auflage des Werkes 1758 teilte Linné Arten übergeordneten Gattungen von ähnlichen Arten zu. Sie erhalten ein artspezifisches Epitheton („Beiwort"), das oft, aber nicht immer, ein artspezifisches Attribut bezeichnet.

Dies war eine ganz wichtige Erfindung, um Missverständnisse und Verwechselungen zu beseitigen, die sich bei den umgangssprachlichen Namen von Arten in verschiedenen Sprachen oder sogar Dialekten bis dahin schwer vermeiden ließen. Die Namen von Arten sind heute auch für deren Status und den Naturschutz ausschlaggebend, denn nur wissenschaftlich beschriebene Arten genießen gesetzlichen Schutz.

Ein Belegexemplar einer neuen Art wird bei dessen Erstbeschreibung nach einem internationalen Regelwerk in einer biologischen Sammlung, meist einem Naturkundemuseum, hinterlegt und dient bei zukünftigen Beschreibungen als Vergleichsmaterial, von dem sich neue Arten unterscheiden müssen. In 18 Kapiteln mit 90 Artikeln beschreibt der International Code of Zoological Nomenclature die korrekten Prozeduren, wie neue Arten von – in diesem Fall – Tieren beschrieben werden sollten. Dabei darf der Erstbeschreiber eine neue Art nicht nach sich selber benennen, darf damit aber den Entdecker der Art oder eine andere Person ehren.

Und hier kommt sie also, Ihre Gelegenheit zu einem einzigartigen Weihnachtsgeschenk und zu – zumindest namentlicher – Unsterblichkeit.

Der gemeinnützige Verein „Patenschaften für biologische Vielfalt" (www.biopat.de) ist eine Initiative deutscher Taxonomen an deutschen Naturkundemuseen, die versucht, zahlungswillige Paten zu Spenden für die manchmal vom Aussterben bedrohten Arten zu animieren. Für nur 3.000 Euro könnte somit eine neue Froschart (etwa der funny Fitzinger hopper) aus Nicaragua der Gattung Eleutherodactylus mit einem wissenschaftlichen Namen Ihrer persönlichen

Wahl benannt werden. Von Ihrer Spende werden 50 Prozent für Naturschutzprojekte Ihrer Patenart verwandt und die andere Hälfte geht an die beteiligten Forschungsinstitute in Deutschland.

Wenn Sie also noch auf der Suche nach einer Möglichkeit sein sollten, kurz vor Weihnachten (und dem Ende des Steuerjahres 2006!) sich etwas Gutes zu tun und gleichzeitig für einen gemeinnützigen Zweck zu stiften, dann sollten Sie sich bei biopat.de eine Tierart aussuchen, die beispielsweise nach Ihnen selbst oder Ihren Lieben benannt werden könnte. Ein ewigeres und einzigartigeres Geschenk wird schwer zu finden sein. Es ist gut für den Erhalt der Biodiversität, die deutsche Wissenschaft und ein wenig auch für das eigene Ego.

56 Die Umwelt von Teenagern und Bienen

Zum Jahresende darf man zurückblickend fragen, was 2006 erdacht, erforscht und erkannt wurde. Vieles ließe sich nennen, aber ich möchte nicht die Top-Ten-Liste des „Science"-Magazins wiederholen. Über eine denkwürdige Erfindung des Jahres 2006 musste ich schmunzeln.

Einer der „Ig-Nobelpreise" – bezeichnenderweise derjenige für Frieden – wurde für ein elektromechanisches Gerät verliehen, das mit nervend hohen, nur für Teenager, aber nicht für Erwachsene hörbaren Frequenzen Erstere vertreiben soll. Es wird wohl nie in Produktion gehen, aber das Prinzip ist interessant. Es beruht darauf, dass im Laufe des Menschenlebens die Fähigkeit zu hören abnimmt. Zuerst fallen hohe Töne aus, allmählich auch niedrigere Frequenzen. Eine praktische Anwendung wären etwa Handyklingeltöne, die für Schüler gerade noch hörbar wären, aber für ihre Lehrer nicht mehr. Die Ig-Nobelpreise sind Witznobelpreise, deren Verleihung am Massachusetts Institute of Technology (MIT) immer eine Gaudi ist – mit sehr kurzen Dankesreden der Ig-Preisträger und Musikdarbietungen echter Nobelpreisträger. Es werden Preise in fast den gleichen Kategorien wie denen der Nobel-Stiftung verliehen, wie eben der für Frieden, aber immer mit humorvollem Dreh.

Noch ein anderer, ernst gemeinter Preis, der „Right Livelihood Award", auch alternativer Nobelpreis genannt, wurde wieder in Kategorien wie „environmental protection", „human rights" und „sustainable development" am Tag vor dem wirklichen Nobelpreis im schwedischen Parlament vergeben. Jacob von Uexküll stiftete ihn durch den Verkauf einer Briefmarkensammlung, um auf Umweltverschmutzung und andere Bedrohungen der Menschheit hinzuweisen.

Sein gleichnamiger Großvater war ein berühmter Biologe, der das Wort „Umwelt" kreierte, um darauf hinzuweisen, dass die sinnesphysiologische Wahrnehmung jeder Tierart, ja vielleicht sogar jedes Individuums anders ist. Denn die Sinnesorgane der Arten unterscheiden sich stark voneinander. So erscheinen Rosen, die wir als rot wahrnehmen, den Bienen schwarz, denn sie haben keine Farbempfindlichkeit im langwelligen Farbspektrum, wie wir Menschen sie haben.

Damit sind wir wieder bei den hellhörigen Teenagern, deren Welt offensichtlich eine andere ist als die der Erwachsenen, oder hören Sie etwa die gleiche Musik wie Ihre Sprösslinge? Selbst wenn sie es wollte, könnte die Elterngeneration einige Tonlagen gar nicht hören. Umwelt und Wahrnehmung sind einfach verschieden.

57 Wo sind all die Spatzen hin?

Auch in einem bisher Klimawandel-milden Winter füttern viele die Vögel in ihrem Garten. Neben den verschiedenen Arten wie Meisen und anderen Nichtzugvögeln sind auch Spatzen immer wieder dankbare Gäste im Vogelhaus. Aber, sie haben seit einigen Jahrzehnten merklich an Zahl abgenommen. Da die berühmten englischen Vogelnarren genauestens Buch führen, wissen wir, dass deren Bestände um über 60 Prozent in den letzten 30 Jahren zurückgegangen sind. In Großbritannien wurde der Spatz sogar in die Rote Liste der bedrohten Tierarten aufgenommen. Obwohl vor der Amsel immer noch die häufigste Vogelart hierzulande, sind Haussperlinge – so ein anderer Name der Spatzen – auch in der Bundesrepublik auf grob geschätzte fünf bis zehn Millionen zurückgegangen.

Der zur Familie der Singvögel (Passeridae) zählende Haussperling (Passer domesticus, L.) ist, wie der Name schon sagt, ein Kulturfolger, also ein Tier, das dem Menschen in seine Kulturlandschaft folgt. Und so besteht seine Hauptnahrung aus Körnern von kultivierten Pflanzen, dagegen etwa nur zu einem Drittel aus den Samen von wilden Gräsern und zu nur etwa fünf Prozent aus Insekten, die allerdings für die Aufzucht der Jungen nötig sind.

Da Spatzen aber primär Körnerfresser sind, ist darin auch zumindest teilweise ihr merklicher Rückgang begründet. Denn dadurch, dass Erntemaschinen immer effizienter und genauer arbeiten und Pferdefuhrwerke fast ausstarben und mit ihnen die Körner in den Pferdeäpfeln von den Straßen verschwanden, ist auch eine wichtige Nahrungsquelle der Haussperlinge versiegt. Dazu kommen immer bessere Abdichtungen der Hausdächer, die ihnen Nistmöglichkeiten nehmen und ihre Verbreitung auf Bauernhöfe, Zoos und andere urbanere Gegenden beschränkt.

Weltweit wurde diese vornehmlich europäische Art durch absichtliche menschliche Ansiedlung verbreitet. So wanderte der europäische Haussperling mit dem Menschen auf die andere Seite des Atlantiks. 1850 wurden 100 Spatzen im Central Park ausgesetzt, um – aber darüber sind sich die Quellen nicht einig – eine Raupeninvasion dort zu bekämpfen. Weitere Spatzen wurden mehrfach an der Ostküste und später auch im Westen der Vereinigten Staaten eingeführt, und schon ab etwa 1900 hatte sich Passer domesticus über die gesamte Fläche des nordamerikanischen Kontinents ausgebreitet. Heute zählt er mit mehr als 150 Millionen Brutpaaren zur häufigsten Vogelart der USA. Dieser ursprüngliche Bewohner der alten Welt verdrängte einige einheimische Vogelarten der Neuen Welt und wird dort auch als Plage gesehen.

Für Evolutionsbiologen in den USA sind die zugewanderten Spatzen zu einem Modellsystem geworden. Mit ihnen kann erforscht werden, wie sich genetische Varianten aus einer bekanntermaßen kleinen Gründungspopulation, die damit nur einen geringen Teil der in der gesamten Art vorhandenen genetischen Variabilität abdeckte, nach einer Expansion der Population geographisch verteilen. So zeigten sich auf vielfältige Weise schon evolutionäre Trends.

Beispielsweise sind Spatzen im Norden größer als im Süden der USA – wie die Bergmann'sche Regel prognostizierte. Der Göttinger Physiologe Carl Bergmann hatte schon 1847 für warmblütige Tiere wie Vögel und Säugetiere vorhergesagt, dass wegen des besseren Oberflächen-zu-Volumen-Verhältnisses der Wärmeverlust bei größeren Tieren im kalten Norden geringer ist. Deshalb sind Arten, aber auch Individuen der gleichen Art größer in höheren Breitengraden.

Was heißt das für die Zukunft? Wahrscheinlich wird der Klimawandel auch unsere Spatzen schrumpfen lassen.

58 Unrentable Stiftungsprofessuren

Den Universitäten fehlt finanzielle Verfügungsmasse – so weit nichts Neues. Deshalb und wegen der Trägheit ihrer Verwaltung und der noch reinredenden Ministerien können sie nicht schnell genug auf wissenschaftliche Entwicklungen reagieren. So bewegen sich Universitäten langsam wie ein Gletscher, anstatt sich wie Wildwasserbäche neue Wege zu bahnen. Sie werden noch zu sehr verwaltet statt gestaltet. Flexibles privates Geld wird noch allzu dilettantisch an Land gezogen – führende amerikanische Universitäten sind dagegen wahre Meister im Spendensammeln. Dafür gibt es viele Gründe. Behördenhaftes Auftreten und fehlende „Markenidentität" vieler deutscher Universitäten sind jedenfalls nicht hilfreich.

Allerdings gibt es eine Art des Gebens, die erfreulicherweise auch hier an Beliebtheit zunimmt: die Stiftungsprofessur. In den vergangenen 20 Jahren wurden mehrere hundert etabliert. Sie sind aber meist kein selbstloses Geben, sondern legitimerweise auch ein wenig ein Nehmen. Privatpersonen, Firmen oder Stiftungen schenken einer Hochschule eine Geldsumme. Für ein bis zwei Millionen Euro dürfen sie Namen, fachliche Ausrichtung und Standort einer Professur mehr oder weniger vorgeben. Manche Geber fordern sogar Mitsprache in der Berufungskommission. Hocherfreute Universitäten berufen mit dem Stiftungsgeld dringend benötigte oder erwünschte Professoren für oft inter-, trans- oder trendydisziplinäre Forschungsrichtungen. Geber und Nehmer profitieren durch Imagegewinn, die Uni auch durch neue denkende Köpfe. So weit, so gut.

Aber die deutsche Stiftungsprofessur hat eine Eigenheit: Der Stifter bezahlt meist das Gehalt und vielleicht einige andere Kosten des Lehrstuhls, aber – hier liegt die Krux – ist das Geld verbraucht, so fällt die Last des Gehalts und der laufenden Kosten bis zur Pensionierung des Professors auf die Universität – also den Steuerzahler

– zurück. Damit wird also nicht nur langfristig einem Fachbereich eine wissenschaftliche Richtung von außen vorgeschrieben, sondern auch der Kuchen der vorhandenen Mittel in immer kleinere Scheibchen geschnitten, denn das Budget der Universitäten hält ja meist nicht einmal mit der Inflation mit.

In den USA wird Stiftungsgeld hingegen immer Gewinn bringend angelegt und der neue Professor allein von der Rendite der Spende finanziert. Keine amerikanische Universität würde Geld annehmen, von dem sie nicht auch langfristig finanziell profitiert. Hierzulande besteht immer die Gefahr, bei Spenden draufzuzahlen – intellektuell wie finanziell, und zwar heftig.

59 Konrad Lorenz lag völlig falsch

Jeder Katzenhalter weiß, dass Mauzi eigentlich ein Einzelgänger ist, und der Mensch in der gemeinsamen Wohnung nur geduldet wird. Löwen sind die einzige in Verbänden lebende Katzen-Art. Ein Löwe, oft auch zwei Brüder, führt ein Rudel von etwa zehn Weibchen an. Die Übernahme eines Rudels durch ein neues Männchen passiert alle zwei bis drei Jahre – meist gewaltsam. Die bisherigen Paschas kämpfen bis zum Letzten. Dabei schützt die Männchen ihre auch für Weibchen attraktive Mähne vor Prankenhieben. Trotzdem endet die Übernahme für die bisherigen Rudelführer oft tödlich. Es geht um alles oder nichts – Fitness. Nur im Rudel haben Löwen Zugang zu Kopulationen und damit Nachkommen.

Es kommt noch grausamer, denn die neuen Herrscher töten oft die Jungen ihres neuen Rudels, auch gegen den Einspruch der Weibchen. Dieser „Infantizid“ scheint widersinnig. Warum sollte sich so ein Verhalten evolutionär durchsetzen? Es ist doch nicht zum Nutzen der Art, Artgenossen umzubringen? Aber in der Evolution geht es eben nicht um das Gute der Art, sondern um individuelle Fitness – die möglichst häufige Repräsentation eigener Gene in der nächsten Generation. Das Wohl der Art interessiert das Individuum nicht, solange noch Fortpflanzungspartner vorhanden sind. Im Gegenteil, Artgenossen sind die größten Konkurrenten um limitierende Ressourcen, wie Nahrung, Nistplätze und Paarungspartner. Dieses weit verbreitete Missverständnis über die Evolution geht auf Konrad Lorenz zurück. In seinen populären Büchern („Das sogenannte Böse") schrieb er jahrzehntelang – grob fälschlich – von Harmonie in der Natur und „arterhaltenden" Trieben der Tiere. Erst 1976 rückte Richard Dawkins mit „Das egoistische Gen" dieses falsche Bild der Evolution gerade.

Durch den Infatizid vernichten die Paschas die Gene des vorherigen Führers und bringen die Weibchen des Rudels schnell und synchron „in Hitze", so dass das neue Männchen sich mit allen paaren kann und seine Gene in den eigenen Jungen wieder findet. Erst dann ist es evolutionär sinnvoll, das Rudel zu verteidigen. Die Weibchen eines Rudels sind recht nahe verwandt – haben viele Gene gemeinsam. Sie stillen deshalb auch oft nicht nur ihre eigenen Jungen und jagen als Gruppe gemeinsam zum Nutzen und zum Guten ihrer gemeinsamen Gene. Um diese geht es – nicht um Arten.

60 Gute Lehre muss sich lohnen

Den Studenten und ihren meist zahlenden Eltern werden Studiengebühren mit der Zusage schmackhaft gemacht, die Lehre werde so verbessert. Natürlich sind 80 oder gar 100 Studenten pro Professor im internationalen Vergleich mit den besten Universitäten nicht tragbar. Selbst an unseren Schulen gelten mehr als 30 Schüler pro Lehrer als inakzeptabel. Wenn also in Oxford, Berkeley, Harvard oder Stanford acht bis zehn Studenten auf jeden Lehrenden kommen und wenn man sich mit denen vergleichen will, müssten zehnmal mehr Professoren eingestellt werden. 500 Euro pro Student und Semester reichen da längst nicht. Es ist sowieso nur ein symbolischer Beitrag, der für die meisten Studiengänge nur fünf bis zehn Prozent der Kosten deckt. Daher betragen die Gebühren an den besten Universitäten 30.000 bis 40.000 Dollar.

Aber wie sieht es aus mit der Lehre im Lande? Pro Professor gibt es nicht nur zu viele Studenten. Per Gesetz werden auch acht bis neun Stunden pro Woche Kontakt mit Studenten im Unterricht verlangt. Dies bedeutet etwa zwei bis drei Kurse pro Semester. Dies entspricht den „teaching colleges“ oder drittklassigen Unis in den USA, wo nicht geforscht wird. An den besten Universitäten Amerikas unterrichten Professoren maximal einen Kurs und ein Seminar pro Jahr. In medizinisch ausgerichteten Fakultäten meist sogar nur 15 Stunden Vorlesung im Jahr und nicht acht bis neun pro Woche. Tutoren übernehmen dort einen Teil der Lehre. Auch gibt es in jenen Systemen Lecturer, die vor allem unterrichten, und Professoren, die oft gar keine Vorlesungen halten, sondern nur Seminare für Doktoranden.

Bei so vielen Lehrverpflichtungen in Deutschland ist es kein Wunder, dass manche Kollegen den Studenten 20 Jahre alte Folien präsentieren oder aus ihren Büchern vorlesen. Da können sich die Studenten die Teilnahme fast sparen, denn die Fachschaften haben längst Skripte, nach denen sich bequem zu Hause lernen lässt. Professoren sind auch nur Menschen, die sich nicht nur durch Liebe zum Fach motivieren, sondern auch gelobt und belohnt werden möchten. Das ist im gleichmachenden Beamten-Besoldungssystem nicht vorgesehen. Die Lehre-Drückeberger sind die Cleveren, denn wer gut lehrt, wird eher zu noch mehr Lehre verdonnert und wird noch weniger Zeit zum Forschen haben. Die Reputation steigt aber fast nur durch Forschung. Niemand fragt, wie man unterrichtet.

Verbesserte Lehre hat aber noch eine andere Bedingung: Auch wenn der begnadetste Lehrer sein Bestes tut, solange die Lernenden nicht selbst motiviert sind, wird der Erfolg begrenzt sein. Studenten, die keine Bücher kaufen, nicht zu Vorlesungen gehen und sich nicht vorbereiten, sondern nur passiv konsumieren, kriegen, was sie verdienen.

61 Stipendien für die chinesische Konkurrenz

Nach der jüngsten Studie der OECD sind Chinas Forschungsausgaben bald die weltweit zweithöchsten nach den USA. Über 100 Milliarden Euro werden dort im nächsten Jahr für Forschung ausgegeben. Laser-Technologien, Telekommunikation, Kernenergie (Ja! Kernenergie!) und Genetik sind unter den elf ausgewählten Schlüsselbereichen. Derzeit werden 1,3 Prozent des Bruttosozialprodukts für Forschung ausgegeben, 2010 sollen es 2 und 2030 dann 2,5 Prozent sein. Die Mittel für Forschung und Entwicklung sind in den letzten Jahren noch viel schneller gewachsen als die Wirtschaft mit etwa 10 Prozent jährlich.

So weit schon ist dieses Schwellenland ohne viele eigene Rohstoffe, aber mit viel Fleiß und einer die Bildung achtenden Lebenseinstellung gekommen. Selbst viele in den USA ausgebildete Chinesen kehren inzwischen in die Heimat zurück, denn sie fühlen sich ihrer Herkunft verbunden oder halten die Forschungsbedingungen dort mittlerweile für attraktiver als in den USA. So erhalten die Rückkehrer nicht nur für Chinas Verhältnisse fürstliche Gehälter, sondern auch Geldprämien für Publikationen in renommierten internationalen Fachzeitschriften. Dies im kommunistischen oder vielmehr oft „roh-kapitalistisch" erscheinenden China.

Und was tut Deutschland? Die Deutsche Forschungsgemeinschaft hat ein Büro in Peking. Die Max-Planck-Gesellschaft fördert großzügig Institute in China, deren „international research schools" zum Hauptteil aus Osteuropäern und Asiaten bestehen. Der Deutsche Akademische Austauschdienst vergibt Hunderte Stipendien an Chinesen, die auf Kosten des deutschen Steuerzahlers hier studieren. Warum? Um Talente für Deutschlands Forschungsinstitute zu werben oder zukünftige Allianzen oder Verbindlichkeiten herzustellen? Sicher, viele Labore zwischen Kiel und Konstanz sind froh über kluge und fleißige Forscher, denn längst sind viel zu viele unserer eigenen Talente in den USA – oft verlockt mit deutschen (nicht amerikanischen) Stipendien. Deutschland subventioniert so Chinas wissenschaftlichen Aufstieg und schickt gleichzeitig deutsche Talente zur anderen Konkurrenz in die USA – ohne genügend Stellen und Anreize zu schaffen, um sie später zurückzuholen.

Das Studium der Wirtschaft, Jura und Medizin verspricht in Deutschland mehr als das einer Naturwissenschaft. Wissenschaftler sind in Deutschland im internationalen Vergleich unterbezahlt, kennen keine 40-Stunden-Woche, genießen kein besonders hohes Sozialprestige. Wissenschaft ist schwierig und für viele „esoterisch". Es ist kein attraktives Berufsziel mehr für die Klügsten – übrigens auch nicht in den USA. Die Forschung in den USA profitierte aber nach dem Zweiten Weltkrieg vom europäischen Talent und dann zunehmend von dem der ersten Generation asiatischer Einwanderer. Obwohl dort nur 5 Prozent der Bevölkerung asiatischer Herkunft sind, sind an den Eliteunis in den USA Asiaten überproportional vertreten – etwa 24 Prozent der Studenten in Harvard und Stanford, sogar 46 Prozent in Berkeley und „nur" 13 Prozent in Princeton, was dort als

Diskriminierung von Asiaten empfunden wird. In den USA stellen Asiaten längst die Mehrheit der Doktoranden vieler Fachbereiche, mittlerweile steigt auch ihr Anteil unter den Professoren.

Warum wir unseren Konkurrenten nicht nur immer noch Wissenschaftler ausbilden, sondern auch fast 70 Millionen Euro jährlich Entwicklungshilfe zahlen, erschließt sich nur der Logik unserer Politiker. Zurück kommt es tröpfchenweise: Ich bin dieses Jahr auf eine Konferenz nach China eingeladen, bei der erstmals die Gastgeber und nicht wie früher die Gäste die Reisekosten übernehmen. Die Einladung strotzte vor Selbstbewusstsein. Kein Wunder.

62 Unsere Unis sollen schöner werden

Wann haben Sie zuletzt Ihre Universität besichtigt? Erinnern Sie sich noch, wie es dort aussah? Zur Erinnerung: meist billig und heruntergekommen und vor allem fast überall gleich. Insbesondere die zur Wirtschaftswunderzeit gegründeten oder expandierten Unis – ob in Ulm, Düsseldorf oder Bochum – sind Zweckbauten im Stile der „Ästhetik" der 1960er-Jahre. Die Gleichmacherei manifestiert sich in überall gleichem Sichtbeton, Kachel-Stil und nackten Neonröhren. Die Gebäude funktionieren meist noch, Fahrstühle eher nur sporadisch, die Fenster sind längst blind, und die mit Graffiti geschmückten Toiletten sehen aus und riechen wie die der Bahnhofsmission. Das Toilettenpapier scheint aus Tannenzapfen und Flechten gemacht zu sein. Da soll man sich wohl fühlen oder dazugehörig? Nein, wo kämen wir da hin – Universitäten sind ja schließlich Behörden.

Die meisten Universitäten sind immer noch fast ausschließlich aus öffentlichen Mitteln – also Steuern – finanziert. Der Steuerzahler hat ein Recht darauf, dass sein Geld verantwortlich ausgegeben wird. So ist die Billig-ist-gerade-gut-genug-Mentalität auch nur zu konsequent. Aber Stolz in die Institution oder gar ein Zugehörigkeitsgefühl bei Lernenden und Lehrenden wird so nicht gefördert. Derart schlechte Architektur und billige Möbel sucht man in Wissenschaftsministerien vergeblich, aber die sind es ja auch, die das Geld verteilen. Also zuerst statten sie sich mit repräsentativen Bauten samt Teppichböden und noch gründlich arbeitenden Putzkolonnen aus. Dort wird wahrscheinlich auch über die Weihnachtsfeiertage geheizt – ein Luxus, den sich viele Universitäten nicht mehr leisten können. Umgekehrte Logik, denn die Ministerien sollten ja ihre Existenz aus dem Bestehen von Schulen und Universitäten rechtfertigen und nicht umgekehrt.

Die alten Universitäten haben meist noch schöne Gebäude, mit denen man sich identifizieren kann. Mancherorts werden auch Traditionen nach einem 40-jährigen Dornröschenschlaf wiedererweckt und Diplome nicht mehr nur auf dem Postweg zugestellt, sondern im feierlichen Rahmen übergeben – soweit dies in tristen Vorlesungssälen möglich ist. Man will die Alumni schließlich später einmal um Spenden angehen können.

Universitäten müssen wieder stolze Prestigeobjekte dieses Landes werden, die sich auch durch architektonische und gartengestalterische Alleinstellungsmerkmale differenzieren. Man muss sich in ihnen gerne aufhalten wollen, auch nach 17:00 Uhr und am Wochenende – selbst wenn wir in Behörden arbeiten.

63 Wer wird berufen und warum?

Professuren werden nicht immer an die besten Kandidaten vergeben. Dies hat auch manchmal mit den Gleichstellungsbeauftragten zu tun. Wieso müssen sie eigentlich alle weiblich sein? Vielleicht wird diese offensichtliche Männerdiskriminierung mit dem neuen Antidiskriminierungsgesetz einmal überprüft werden.

Frauen werden bei gleicher Leistung bevorzugt, heißt es immer in den Anzeigen. Die Messung der akademischen Leistung ist problematisch, aber ein sinnvoller Ansatz, zumindest in den Naturwissenschaften, sind bibliometrische Daten, die das Institute for Scientific Information in Philadelphia erfasst. Die durchschnittliche Zahl der Zitate des durchschnittlichen Artikels innerhalb von zwei Jahren nach Erscheinen bestimmt den Impaktfaktor einer wissenschaftlichen Zeitschrift. Bei Berufungen sollte also die Qualität (gemessen am Impaktfaktor) der Zeitschriften, in denen ein Kandidat veröffentlicht, die Zahl der Publikationen und vielleicht noch Zitate pro Artikel summiert über alle Veröffentlichungen ein relativ objektives Bild der Leistung ergeben. Neuerdings gibt es noch den Wert „h", der zählt, wie viele Artikel am meisten zitiert wurden. h=13 bedeutet also, dass die 13 meistzitierten Artikel eines Forschers mindestens 13 mal zitiert wurden. Auch hier gilt: je höher, desto besser (= zitierter) der Wissenschaftler.

Ein Beispiel aus jüngster Vergangenheit. Eine Professur in Biogeographie soll besetzt werden. Eine Kandidatin, 48 Jahre alt, hat 31 Publikationen, h=11, 294 Zitate für alle Artikel summiert. Eine Veröffentlichung wird durchschnittlich 9,84 mal zitiert. Ein männlicher Bewerber ist 49 Jahre alt, 51 Publikationen, h=12, 480 Zitate insgesamt, durchschnittlich 9,41 Zitate pro Publikation. Sie erhält den Ruf (wie nicht schwer zu erraten war) – obwohl ihr Fachgebiet nicht zur Ausschreibung passt und der männliche Bewerber nach fast allen Messlatten besser ist und in den Journalen des Gebiets veröffentlicht hat. Dass diese Entscheidung mit drei Frauenvertreterinnen in der Berufungskommission oder einer Wissenschaftsministerin im Bundesland zu tun hätte, wäre sicher zu weit hergeholt und objektiv falsch.

Die Quotenmanie wird zu mehr Frauen in der Wissenschaft führen. Im Prinzip ist das zu begrüßen, aber es darf keinesfalls verringerte Qualität bedeuten. Das ist für den Nachwuchs äußerst demoralisierend. Der zehn Jahre jüngere Juniorprofessor am besagten Institut steht in puncto Publikationen jetzt schon kaum schlechter als die genannten Kandidaten. Das karriereförderndste für ihn wäre also eine Geschlechtsumwandlung. Bevor Sie nach meinen Daten fragen: Alter 46, 176 ISI-erfasste Publikationen, ca. 8 700 Zitate, h=48, durchschnittlich 49,41 Zitate pro Artikel (ich hatte mich nicht beworben).

64 Powerpoint und die zwei Kulturen

Wie beeinflusst Powerpoint einen Vortrag? Ich kann es nicht fassen, dass Geisteswissenschaftler bei so einem lapidaren Thema überhaupt einen Drang zu tieferem Nachdenken verspüren. Ungezählte finnische Fichten mussten schon ihr junges Leben opfern, damit solches Nachdenken in den Feuilletons gedruckt wird. Da werden die berühmten „zwei Kulturen" von C. P. Snow (Geistes- und Naturwissenschaften) deutlich. Es geht um den Vortragsstil und mehr nicht! Früher haben wir Dias benutzt und heute Powerpoint, basta. Ich brauche keine Diasammlung mehr zu Konferenzen mitzuschleppen, sondern kann im Flugzeug oder Hotel bequem mit dem Laptop am Vortrag feilen. Powerpoint ist besser und bequemer, mehr gibt es nicht zu sagen.

Naturwissenschaftler „erzählen" ihren Vortrag meist völlig frei und ohne Notizen. Übung macht den Meister. Als Doktoranden haben wir in Berkeley ständig informellen und förmlichen Seminaren gelauscht und sie halten müssen. Fast täglich gab es mittags „Lunch-

Seminare": Stulle plus Lernen statt Penne mit Pesto in der Mensa. Je nach Kultur der Mittagsseminare wurde der Vortrag mehr oder weniger schonend von Professoren und anderen Studenten zerlegt. Stimmt die Hypothese, ist die Statistik richtig, kennt er die Literatur? War etwas unklar, lag es eher am Sprecher als an den Zuhörern – darum ging es. Tränen flossen regelmäßig. Aber Kritik ist nicht persönlich, es geht um die Substanz.

Geisteswissenschaftler formulieren ihren Vortrag meist aus, „lesen" ihn dann mehr oder weniger vor – mit oder ohne Powerpoint. Vorne sitzen die Silberrücken, die anerkennend nicken oder kritisch die Augenbrauen runzeln, in den hinteren Rängen das Fußvolk. Hinterher werden kaum echte Fragen gestellt, sondern eher längere Abhandlungen und Analysen angeboten. Ich kann mich des Eindrucks nicht erwehren, dass Geisteswissenschaftler ihren Ruf aus der Esoterik des Themas, der Zahl der Fußnoten und der Länge der Sätze ableiten. Vorlesen ist fast immer langweiliger, und Geisteswissenschaftler schreiben und reden auch in zu langen Sätzen. Wer in Schachtelsätzen schreibt und trotzdem das Verb (meist auf der nächsten Manuskriptseite) noch richtig setzt, verdient Bewunderung. Aber Substanz und Klarheit allein ist Trumpf in den Naturwissenschaften. Stil zählt auch bei uns, aber generell sind wir keine Verbalakrobaten. Dies lenkt eher ab und kann zu Ungenauigkeiten führen.

Es gibt ein paar banale Powerpoint-Regeln: nicht zu bunt, keine unnötigen Animationen, nicht mehr als sechs Zeilen Text pro Dia, keine großen Tabellen. Das muss der Novize lernen. Aber viel mehr ist zu diesem Thema wirklich nicht zu sagen. Geisteswissenschaftler, lasst die Fichten stehen.

65 Mutterkreuz gegen Klimawandel

In der Diskussion über den Klimawandel wird ein Thema fast völlig ausgeklammert: die Überbevölkerung. Der Ökologe Paul Ehrlich sagte schon 1968 in „The Population Bomb" voraus, dass in den folgenden Jahrzehnten Hunderte Millionen Menschen verhungern würden. Diese malthusische Katastrophe blieb wegen wachsender Kulturflächen, effizienterer Erntetechniken und grüner Gentechnologie aus. Auch wenn die Prognosen falsch waren, so lenkte doch Ehrlichs Buch die globale Aufmerksamkeit auf Populationswachstum, die „Pille" und Umweltpolitik.

Derzeit aber wird in puncto Klimawandel diskutiert, als ob die Populationsgröße unserer Spezies nicht durch limitierte Ressourcen, sondern langfristig mehr durch Klimaveränderungen beeinflusst werden könnte. Immer mehr und wohlhabendere Menschen werden diesen Planeten vollqualmen und das Klima für folgende Generationen sehr viel extremer gestalten. Die 80 Millionen reichen Deutschen haben nur einen fast vernachlässigbar kleinen Einfluss auf das Klima. Denn unter den neun Milliarden Menschen im Jahr 2040 werden die Deutschen weniger als ein Prozent ausmachen. Die 320 Millionen US-Amerikaner verbrauchen im Durchschnitt dagegen fast dreimal mehr Energie als ein Mitteleuropäer. Also haben die USA einen wenigstens zehnfach höheren Einfluss auf das Klima als Deutschland.

Die USA, die nicht einmal den Kyoto-Vertrag unterzeichnet haben, können sich weiterhin im globalen wirtschaftlichen Wettkampf ins egoistische Fäustchen lachen. Noch scheinen sie mit ihrer Nach-uns-die-Sintflut-Mentalität eine klimapolitisch zwar kurzsichtige, aber wirtschaftlich zunächst erfolgreiche Strategie zu verfolgen. Die religiösen Endzeitfanatiker dort werden also vielleicht sogar Recht behalten – im wörtlichen Sinn. Das „Entwicklungsland" China, ein rücksichtsloser Umweltzerstörer ersten Ranges, streicht auch noch Emissionsguthaben ein und lässt sich so sein phänomenales Wachstum vom Rest der Welt subventionieren. Um dann mit 1,3 Milliarden Menschen den Planeten noch stärker erhitzen zu können.

Und wir Deutschen sorgen uns mehr um die Rente als ums Klima. Deshalb die sich widersprechenden politischen Weisungen „Seid fruchtbarer" und „Nutzt Energien effizienter". Es ist wohl nur noch eine Frage der Zeit, bis wieder eine Art Mutterkreuz ausgelobt wird, um die Deutschen zur vermehrten Fortpflanzung anzuhalten. Aber bis dahin wird Schleswig-Holstein längst unter Wasser sein oder aber eine Steppe.

66 Die Vertreibung der Weisen

Wir tun nicht nur zu wenig, um unsere jungen Talente zurück ins Land zu locken. Am anderen Ende der Karriere werden alle Professoren, die Hervorragenden wie die weniger Beeindruckenden, zwangsemeritiert – beamtenrechtlich. Mit 65 Jahren, spätestens mit 67 kommt der meist traurige Abschied ohne goldene Uhr, bestenfalls mit einem Symposium samt Festschrift. So verliert Deutschland unnötigerweise nicht nur junge, sondern auch alte Talente – meist an die USA.

Durch die unflexiblen, veralteten Beamten-Regeln beschränkt sich dieses Land selbst in der sich ständig wandelnden globalisierten Welt der Wissenschaft. Eigentlich sollte die neue Gleichstellungsgesetzgebung auch dafür sorgen, dass nicht nur nicht mehr nach Alter diskriminiert werden darf, sondern dass jeder so lange arbeiten darf, wie er will – auch über das Pensionsalter hinaus. In vielen Ländern gibt es keine Alterszwangsemeritierung, sondern die Motiviertesten machen weiter, bis sie tot am Schreibtisch gefunden werden. Mir sind einige Beispiele dieser Art bekannt. Gleichzeitig, so argumentieren die Jungen zu Recht, sollten Stellen für sie frei gemacht werden. Was könnte man ändern?

Deutsche Professuren sind so teuer, weil an jedem Lehrstuhl viele andere Stellen hängen, manchmal ein Dutzend. Es kommt aber vor, dass der Professor zum Gegenteil eines Weisen wird oder seine Freiheiten nutzt, um nur noch Dienstags bis Donnerstags da zu sein. In diesem Fall wäre nicht nur das Professorengehalt besser bei Jüngeren angelegt. Auch der Lehrstuhlstab wird weniger produzieren pro investiertem Forschungs-Euro. Dieses Geld könnte besser für mehr Professorenstellen eingesetzt werden.

In den USA sind Bezahlung und Ressourcen der Professoren enger korreliert mit Forschungsleistung. So gibt es riesige Unterschiede bei Laborgröße und Bezahlung. Wer erfolgreich forscht und Drittmittel wirbt, wird den notwendigen Laborplatz bekommen und das passende Gehalt dazu, denn die Universitäten konkurrieren um Drittmittel und die akademischen Stars, die sie werben. Feste Stellen für technische Assistenten, Mitarbeiter, Sekretärinnen etc. gibt es in den USA sowieso fast nicht, also bemisst sich die Laborgröße, über ein Minimum hinaus, an den Forschungsmitteln. Wenn weniger Mitarbeiter da sind, wird Laborfläche an Kollegen vergeben, die den Platz brauchen. Inaktivität führt langfristig dazu, dass man nur noch sein Büro und sein Gehalt hat. Inaktive Professoren müssen auch mehr unterrichten als forschungsaktive. So regelt sich der Druck zur Pensionierung auch ohne feste Altersvorgaben je nach Motivation und Erfolg. Weniger Regeln bedeuten mehr Freiheit und davon lebt die Forschung.

67 Deutschland und seine Professoren

Diese Woche fing nicht gut an für das Ansehen der Professorenschaft hierzulande. In der sonst eher als professorenfreundlich einzustufenden „Frankfurter Allgemeinen Zeitung“ waren zwei Artikel zu lesen, die einen wieder einmal traurig stimmen konnten, über dieses, unser Land – den Wissenschaftsstandort Deutschland.

Erst wird dort über den Klimaforscher Gerald Haug berichtet, der gestern den Leibniz-Preis, diesen höchstdotierten und angesehensten Preis der Deutschen Forschungsgemeinschaft verliehen bekam für seine Arbeiten über die Klimageschichte. Das Besondere an dem Fall ist, dass sich Haug entschieden hat, nicht am Geo-Forschungszentrum der Helmholtz-Gemeinschaft in Potsdam zu bleiben, sondern zur Eidgenössischen Technischen Hochschule (ETH) nach Zürich zu wechseln. Die Gründe für diese Entscheidung sind mir durchaus verständlich – er will Geld, viel Geld zum Forschen, ohne dafür Anträge schreiben zu müssen, und keine Bürokratie. Freiheit, nur das zu tun, was uns am meisten Spaß macht – Forschen –, sich aber von keinem Bürokraten über die Schulter gucken lassen müssen. Das wollen wir alle.

Verglichen mit uns armen Universitätsforschern schwimmt die Helmholtz-Gesellschaft im Geld, hat vielleicht sogar noch mehr davon pro Wissenschaftler als die Max-Planck-Gesellschaft. Beide haben ausgezeichnete Wissenschaftler von Weltrang, beide haben aber auch viel Mittelmaß und „totes Holz“, wie man im Englischen sagt, das weiterhin viel Geld kostet, aber nicht viel leistet und um 17 Uhr den Griffel fallen lässt oder in Kommissionen seine Machtspiele treibt. Man darf dies ja nicht laut sagen, aber am Geld mangelt es den potenziell glücklichen Forschern in den deutschen außeruniversitären Forschungsgesellschaften nun wirklich nicht. Herrn Haug wurde die Bürokratie in der Helmholtz-Gemeinschaft zu viel. An der

ETH glaubt er, weniger davon zu haben und damit mehr Freiheit. Gut für ihn! Der internationale Markt um die besten Köpfe soll entscheiden. Wer mehr Forschungsmittel, Freiheit und Lebensqualität bietet und weniger bremst durch Bürokratie, Neid und hemmendes Mittelmaß, zieht die besten Wissenschaftler an. Man kann Haug nur gratulieren und hoffen, dass unser Wissenschaftsstandort daraus lernt.

Nur eine Bitte, lieber Herr Haug: Lehnen Sie die 2,5 Millionen Euro Preisgeld dankend ab und überlassen Sie es anderen im Lande der Steuerzahler, die Ihnen Ihre Universitätsausbildung bezahlt haben. Die deutschen Universitäten brauchen jeden Cent, es werden ja noch genügend Rappen zur Verfügung stehen, oder?

Gleichzeitig mit dem Artikel über Haug, den Leibniz-Preis und seinen Umzug nach Zürich wurde in der „FAZ" noch der aktuelle Enthüllungsroman „Professor Unrat" besprochen. Hier geht es nicht um die Leistungseliten, sondern um die, die ihre Freiheit ausnutzen, um sich mit Nebentätigkeiten eine goldene Nase zu verdienen, und ihre eigentlichen Aufgaben vernachlässigen. Auch dort schneiden die Professoren, die „viel verdienen, wenig arbeiten" und „faul, korrupt, gierig" sind, nicht gerade gut ab. Immer das gleiche Lied – Deutschland ist ja bekanntlich Weltmeister in der Disziplin Sozialneid.

Und was ist die Moral von beiden Geschichten? Spitzenforschern wird zu wenig Freiheit gewährt, dem Mittelmaß unter den Professoren zu viel, die sie dann missbrauchen? Vielleicht. Man kann es nicht allen recht machen, aber man sollte größtmögliche Freiheit geben und unnötige Regeln und Bürokratie abbauen, damit die Besten sich entfalten können. Und doch muss es auch „checks and balances" geben, um Schindluder zu verhindern. Aber die Eier legende Wollmilch-Sau haben selbst die freiesten Wissenschaftler noch nicht erfunden.

68 Schweinezyklus der Fördermittel

Wir brauchen dringend akademischen Nachwuchs. Denn die Konkurrenz im Ausland nimmt die sehr gut ausgebildeten deutschen Akademiker gern. Doktoranden und vor allem die auf dem nächsten akademischen Treppchen, die Postdoktoranden, werden geradezu ins Ausland gedrängt. Nicht nur sind die Bedingungen dort oft verlockend, sondern Auslandserfahrung ist auch ein Muss für die hiesige Karriere. Mit deutschen Stipendien wird es Doktoranden und Postdoktoranden leicht gemacht, zu schauen, ob das Gras anderswo grüner ist.

Wenn sie nur alle zurückkämen! Aber das wird ihnen nicht leicht gemacht. Einerseits gibt es die unnötige Regel, dass ein Jungakademiker nicht länger als 12 Jahre befristet eingestellt sein darf. Das ist zu kurz. Daher bleibt der Nachwuchs im Ausland, wo er ohnehin größere Chancen auf eine Festanstellung sieht. Das andere Problem sind zu geringe Mittel für Postdoktoranden. Dort ist der Flaschenhals der deutschen Forschungsförderung. Es ist relativ einfach, Mittel für Diplomanden und Doktoranden zu bekommen, zumindest in den Naturwissenschaften. Man sucht sogar mit teuren Anzeigen gute Doktoranden. Wir Professoren fragen uns, wo all die jungen Talente sind. Wahrscheinlich meist schon in den USA, England oder Australien. So bilden wir stattdessen immer mehr Asiaten und Osteuropäer als Doktoranden aus, nicht weil sie besser wären, sondern weil nicht genug gute deutsche Doktoranden auf dem Markt sind.

Das vorhandene Geld wird zu kurzsichtig verteilt. Zum Beispiel fördert die Deutsche Forschungsgemeinschaft viel eher Doktoranden als Postdoktoranden, die pro Kopf doppelt so viel kosten. Der Effekt ist, dass wir auch Doktoranden ausbilden, die nicht talentiert genug sind, und sie dann meist noch mit deutschen Stipendien ins Ausland schicken. Doch Geld, um sie als Postdoktoranden weiterarbeiten zu lassen oder sie aus dem Ausland zurückzuholen, fehlt.

Doktoranden sind also in einem Buyer's Market. Aber bei den Postdoktoranden ist es umgekehrt. Es gibt relativ viel Talent, aber zu wenig Mittel, sie in Deutschland zu halten oder zurückzuholen. Es scheint politisch erwünscht, sie wegzuschicken, denn es ist fast unmöglich, Geld zu bekommen, um die besten Doktoranden später als Postdoktoranden zu bezahlen.

Dieser Schweinezyklus zwischen Angebot und Nachfrage ist ja aus der Wirtschaft bekannt. Es ist wohl nur eine Frage der Zeit, bis das verzögerte Handeln der forschungsfördernden Anbieter darauf (über-)reagiert – hoffentlich ist dann noch genug Postdoktorandenangebot auf dem Markt.

69 Exzellenz – „Lost in Translation"

Wir sind nicht nur Papst, sondern auch Elite, zumindest drei Universitäten wurden dazu erklärt. Bisher schaffte es zwar keine deutsche Uni unter die weltweit 50 besten, aber neues Geld soll das nun ändern. Die letzten bis zu sieben Plätze in den Rängen offizieller Exzellenz werden anhand von bis zum April zu formulierenden Anträgen im Oktober unter acht verbliebenen Unis vergeben.

Auch wenn der ganze Ansatz eines von oben orchestrierten Wettbewerbs unter Deutschlands Universitäten zu hinterfragen ist, so ging zumindest doch ein gesunder Ruck durch die Behörden der höheren Ausbildung. Die Initiative hat auch die öffentliche Aufmerksamkeit auf die notorische Unterfinanzierung der Universitäten gelenkt und, was vielleicht noch positiver ist, dazu geführt, dass sich Kollegen austauschen müssen, um gemeinsame Anträge für Graduate Schools und Exzellenzcluster zu schreiben.

Ja, auch hier werden neu-englische Begriffe verlangt („excellence“). Schließlich setzen sich Auswahlgremien der Exzellenzinitiative auch aus Mitgliedern zusammen, die die deutsche Sprache nicht beherrschen. Deshalb sind (fast) alle Anträge im Rahmen dieser Initiative auch auf Englisch verfasst. Gut so! Exzellenz ist eben per definitionem international.

Die Anträge für Graduate Schools und Exzellenzcluster wurden von Wissenschaftlern geschrieben, die der internationalen Wissenschaftssprache mehr oder weniger mächtig sind. Allerdings wurden die wichtigen Anträge der „dritten Säule“ – für Zukunftskonzepte der Universitäten – meist im stillen Kämmerlein der Rektorate geschrieben. Und da sieht es mit den Englischkenntnissen leider meist dürftiger aus als bei den forschungsaktiven Kollegen. Denn bekanntlich zählen für die Karriere in der universitären Selbstverwaltung manchmal weder erstklassige Wissenschaft noch Englischkenntnisse. Auch wollten sich die Rektorate nicht von Professoren in die Karten schauen oder gar beraten lassen. Das hätte möglicherweise der Autorität schaden können.

So sind in den Zukunftskonzepten der Rektorate lustige Formulierungen zu finden, die nur entfernt etwas mit Englisch zu tun haben. Offensichtlich wurden die meisten Konzepte auf Deutsch geschrieben und dann von meist wohl wenig forschungserfahrenen Übersetzern ins Englische übertragen. So wurde der „Forschungsschwerpunkt“ als „research center of gravity“ übersetzt, „Drittmittel“ als „third party funds“ und – bitte festhalten – „Geisteswissenschaften“ als „ghost sciences“. Kein Witz! Ich habe mir dies nicht ausgedacht. Es ist eher traurig als lustig, wie weit einige Rektorate vermeintlicher Eliteunis von der Realität internationaler Wissenschaft entfernt sind. Die ist nun mal englisch.

70 Nach dem Beispiel der Natur

Homo faber und sein Vetter Homo oeconomicus schauen sich viel von der Natur ab: Bioingenieure bauen Schiffe nach dem Vorbild von Fischen, und die Raumfahrttechnik nutzt das System der Redundanz, das mehrfache Vorhandensein funktions-, inhalts- oder wesensgleicher Objekte.

Diese Ähnlichkeit zwischen einigen natürlichen und menschlichen Konstruktionsprinzipien wurde mir unlängst unfreiwillig vor Augen geführt, als ich plötzlich und ungeplant ein neues Auto kaufen musste. Ich entschied mich für die relativ ökonomische Lösung eines niedersächsischen Herstellers: eigentlich ein Golf, sieht aber äußerlich nicht so aus. Der Vorteil für mich sind – hoffentlich – preisgünstigere Ersatzteile und erprobte weit verbreitete Technik. Für Autokonzerne im internationalen Überlebenskampf liegt der Vorteil der modularen Bauweise oberflächlich verschiedener Modelle darin, dass die einmal konzipierte Radaufhängung, der Motor oder das Chassis mehrfach eingesetzt werden können – ohne neue Entwicklungskosten.

Die Evolution ist ein Bastler. Sie baut neue Arten nur durch die Modifikation bestehender Module (Zelltypen), Interaktionen von Genen oder entwicklungsbiologischen Mustern. Die Evolution also fängt, anders als ein Ingenieur, nicht mit einem weißen Blatt Papier an, sondern muss mit dem vorhandenen genetischen Material arbeiten. Zu gewagte Experimente können oft im evolutionären Wettbewerb nicht mithalten. Autodesigner sind auch nicht frei von schon Bekanntem, finanziellen Einschränkungen und der Abneigung des Kunden gegen allzu Ungewöhnliches. Deshalb evolvieren Modellpaletten der Autohersteller auch eher graduell von Jahr zu Jahr.

Modulare Baupläne im Tierreich sind sehr schön an Insekten und anderen Gliedertieren zu sehen. Mehrere Segmente ihres Körpers können gleiche oder ähnliche Aufgaben übernehmen, etwa Fortbewegung (Tausendfüßler!). Aber die Redundanz der Segmente erlaubt auch Experimente, wie zum Beispiel die Evolution der Insekten-Flügel. Im Fachjargon nennt man die im Bauprinzip einiger Evolutionslinien immanente Flexibilität „evolvability". Es überrascht nicht, dass gerade die Tiergruppen mit segmentalem Körperbau wie Insekten (besonders Käfer) die evolutionär erfolgreichsten sind. Gerade wegen der hunderttausenden Käfer-Arten attestierte der britische Evolutionsbiologe J. B. S. Haldane Gott eine besondere Vorliebe für Käfer. Ähnlich wie die Wolfsburger Autobauer.

71 Geld gespart auf Kosten des Standortes

Wissenschaftliche Jungstars mit Publikationen in den besten Fachzeitschriften können sich aussuchen, wo sie forschen. Glücklicherweise ist auch mein Labor international. Ich habe einen neuen Mitarbeiter – aus Japan. Ich freue mich, dass er sich für Deutschland entschieden hat, wo er wohl bessere Bedingungen erwartet als bei den Konkurrenzangeboten in Schweden oder England. Das Gehalt ist oft nicht ausschlaggebend – zum Glück für Deutschland.

Leider hat sich schleichend etwas zum Nachteil des Forschungsstandorts Deutschland entwickelt. Ende 2006 wurde der Bundesangestelltentarif (BAT) durch den Tarifvertrag für den Öffentlichen Dienst der Länder (TV-L) abgelöst. Man wollte wohl den unverständlich-bürokratischen BAT durch einen transparenteren, leistungsgerechteren Tarif ablösen: Es sollte neben dem TV-L Grundgehalt auch ein „Leistungsentgelt" gezahlt werden können. Leistung zu belohnen, scheint ein guter Gedanke zu sein. Aber der von den Politikern anvisierte „Wissenschaftstarifvertrag" kam dabei nicht heraus. Denn leider existieren die länderspezifischen Zulagenregelungen noch nicht. Also erhalten Wissenschaftler jetzt nur die weit niedrigeren TV-L Grundgehälter. Die Länder sparen so durch Untätigkeit Geld. Wissenschaftler aber arbeiten jetzt für noch weniger als BAT – auch wenn sie noch so gut sind. Im internationalen Vergleich sind sie viel mehr wert.

Mich interessiert das Bürokratenspeak genauso wenig wie Sie. Mir ist aber peinlich, dass mein Mitarbeiter wesentlich weniger verdient, als wir beide vor seiner Abreise aus Japan dachten. Deutschland hat sich wieder einmal bürokratisch in den eigenen Fuß geschossen.

Üblicherweise kommen meine Mitarbeiter mit Stipendien oder werden aus Drittmitteln der Deutschen Forschungsgemeinschaft bezahlt. Da wissen sie, wie hoch ihr Gehalt ist. Trotz monatelanger Korrespondenz mit beglaubigten Urkunden war es nicht möglich, das Gehalt von Dr. Kuratani zu bestimmen. Ich kenne keinen anderen Beruf, bei dem jemand in ein anderes Land umzieht, ohne zu wissen, wie hoch das Gehalt sein wird.

So hat Dr. Kuratani nicht nur immer noch keine Ahnung, wie niedrig sein Gehalt sein wird. Er hat auch noch keine E-Mail-Adresse, Schlüssel oder Mitarbeiterausweis. Das ist der übliche Wahnsinn der Bürokratie an deutschen Universitäten. Darin sind sich alle meine internationalen Mitarbeiter einig: So viele unverständliche Formulare wie hier haben sie vorher nie erlebt.

72 Parasiten regieren die Welt

Viele Menschen denken, dass Lebensformen mit der Evolution immer komplizierter wurden. Aber evolutionärer Erfolg und Komplexität gehen nicht notwendigerweise Hand in Hand. Viele evolutionäre

Linien sind sekundär auch wieder scheinbar „primitiver" geworden und führen als Parasiten ein evolutionär höchst erfolgreiches Leben.

Ein schönes Beispiel eines scheinbar simplen, aber besonders cleveren Parasiten ist der Protist (Toxoplasma gondii). Sein Lebenszyklus muss sexuelle Fortpflanzung im Darm eines Mitglieds der Katzenfamilie einschließen (dies schadet der Katze nur selten ernsthaft). Aber andere Säugetiere dienen ihm als Zwischenwirt. Meist verläuft die Erkrankung eines befallenen Menschen relativ harmlos. Sie wurde aber auch mit psychologischen Veränderungen in Verbindung gebracht. In seltenen Fällen kann sie während der Schwangerschaft für den Fötus sogar tödlich sein. Bevor Toxoplasma in die Katze kommen muss, lebt es – sich asexuell vermehrend – meist in Ratten und Mäusen. Die Parasiten siedeln am häufigsten in deren Gehirn. Katzen infizieren sich, indem sie infizierte Mäuse und Ratten fressen.

Dies ist im Sinne des Parasiten. Es ist aber natürlich nicht im Interesse der Ratten, gefressen zu werden. Aber – jetzt wird's spannend – der Parasit kann das Verhalten seines Wirts zu seinen Gunsten, aber zum Nachteil des Wirts verändern, indem eine Toxoplasmainfektion Ratten ihre Angst vor Katzen verlieren lässt. So werden sie leichter zur Beute, und der Parasit gelangt öfter zum Katzenwirt.

Jetzt hat die Arbeitsgruppe des Neurobiologen Robert Sapolsky von der Stanford University herausgefunden, wie Toxoplasma das Verhalten der Mäuse manipuliert. Nichtinfizierte Nager zeigen normalerweise eine gesunde Abneigung gegen den Geruch von Katzen-Urin. Toxoplasma-infizierte Ratten aber finden den Geruch sogar attraktiv. Andere typische Angstreaktionen der Nager sind interessanterweise unverändert. Diese Besonderheit der Verhaltensänderung der infizierten Mäuse erklärt sich aus den vielen Toxoplasma-Bakterien in der Hirnregion Amygdala. Diese hat mit der Entstehung von Angst zu tun. Sie spielt auch eine wichtige Rolle bei der emotionalen Wertung potenzieller Gefahren.

So hat ein hirnloser Einzeller das Gehirn eines Säugetiers zu seinem Vorteil manipuliert. Viele Parasiten haben einen einfachen Bauplan, weil sie nicht unbedingt komplex sein müssen. Ihr Wirt verschafft ihnen ja alles Lebensnotwendige gratis. Respekt!

73 Vielzeller – im zweiten Versuch

Die Geschichte des Lebens ist kein konstanter Prozess stetig zunehmender Komplexität. Die ältesten Fossilfunde von Lebensformen sind etwa 3,5 Milliarden Jahre alt. Danach geschah fast drei Milliarden Jahre lang zumindest äußerlich nicht viel. Es blieb sehr, sehr lange bei Bakterien und einzelligen Organismen.

Der große Schritt zu mehrzelligen Lebewesen passierte erst vor rund 580 Millionen Jahren. Damit konnten nicht nur viel größere Lebewesen entstehen, sondern auch komplexere, die auf der Aufgabenteilung und Spezialisierung verschiedener Zelltypen basieren. Fast alle der heute lebenden Vielzeller lassen sich, von Biologen in Stämme unterteilt, auf ein kleines Zeitfenster zurückführen: Ihre Vorfahren entstanden vor etwa 545 Millionen Jahren im Erdzeitalter „Kambrium“ in einem erdgeschichtlichen Augenblick von vielleicht 20 Millionen Jahren.

Aber was geschah davor? Fand der Sprung vom ein- zum mehrzelligen Leben wirklich erst im Kambrium statt? Schon Charles Darwin vermutete, dass es auch in vorkambrischer Zeit bereits mehrzellige Lebensformen gegeben haben musste. Aber fossile Reste von diesen waren zu seiner Zeit noch nicht bekannt. Seit dem Fund der ersten vorkambrischen Fossilien vor fast genau 50 Jahren versteht man „Darwins Dilemma“ immer besser. Diese Fauna wurde auf ein Alter von etwa 580 bis 545 Millionen Jahren datiert. Erst seit 2004 wird der

Zeitraum offiziell „Ediacarium“ genannt – nach einer Hügelkette in Australien, wo die ersten dieser Fossilien entdeckt wurden.

Ein Teil dieser Ediacara-Fauna glich in Form und Größe einer Pizza. Diese bis zu vier Meter großen Gewächse siedelten kolonieartig in der Tiefsee. Ähnliche Formen wurden später weltweit gefunden. Sie waren offensichtlich recht erfolgreich. Aber alle starben trotzdem schon nach etwa 30 Millionen wieder aus – genauso plötzlich, wie sie aufgetaucht waren.

Sie scheinen keine Nachfahren hinterlassen zu haben. Die meisten Biologen nehmen an, dass es keine genetische Verbindung zwischen der vorkambrischen ediacarischen Fauna und den noch heute existierenden Lebewesen kambrischen Ursprungs gibt. Die Fauna des Ediacariums war ein gescheitertes Experiment der Evolution, das, obwohl erfolgreich in seiner Zeit, zum Auslaufmodell wurde. Erst beim zweiten Versuch im Kambrium entstand explosionsartig eine vielzellige Komplexität, zu der auch 540 Millionen Jahre danach noch der Mensch gehört, denn so weit reichen die Wurzeln unseres Stamms zurück.

74 Superstars sind nicht die Elite

Elite und Exzellenz sind in aller Munde, aber leider nicht so sehr wie „Deutschland sucht den Superstar“. In wenigen Monaten werden einigen der verbliebenen Kandidatenuniversitäten die Weihen offizieller Exzellenz verliehen werden. Damit verbunden ist eine erhebliche finanzielle Zuwendung. Auch meine Universität ist darunter, und ich hoffe, dass wir es schaffen und damit wirklich etwas Besonderes einleiten können. Studenten gucken immer mehr auf Rankings. Glücklicher- oder verdienterweise steht Konstanz in diesen immer recht gut da. So ziehen auch die besten Studenten der Republik an den Bodensee. Sie haben begriffen, dass der Name der Universität auf ihrem Diplom wichtig ist. Die Wohlhabenden des Landes schicken daher auch die Sprösslinge in britische Internate, um sie für die Zulassung zu einem begehrten MBA-Programm in den USA oder der Schweiz zu positionieren.

Der globale Wettbewerb um die Zulassung zu den Eliteuniversitäten wird mit den neuen Konkurrenten aus Asien immer härter. Aber wie bereiten wir unsere Kinder darauf vor? Und wie werden die Potenziale der Gesellschaft genutzt? Mir fallen einige kulturelle Besonderheiten auf.

Man klagt, dass das weibliche Potenzial des Landes nicht genug genutzt wird, obwohl Mädchen bessere Abiture als die Jungen machen und – anfänglich – auch mehr Mädchen studieren. Dass am Ende weniger von ihnen einen Doktortitel erlangen oder gar Professoren werden, kann man als institutionelles Problem ansehen. Aber es ist vielmehr ein gesellschaftliches. Solange Mütter als „Rabenmütter" bezeichnet werden, wenn sie arbeiten, kann man dies nicht allein den Universitäten anlasten. Solange in Talkshows immer noch Bischöfe eingeladen werden, um dieses Thema zu debattieren, wird sich an dieser weltfremden Mentalität nichts ändern.

Das andere, vielleicht viel größere Problem Deutschlands ist der soziale Hintergrund: Solange die Helden der Jugend – und nicht nur der sozial benachteiligten – irgendwelche absurden Kunstfiguren bei „DSDS" sind und nicht die wirklichen Leistungsträger als Vorbild erkannt und angesehen werden, wird dieser Teil der Bevölkerung nicht vorankommen und das Land weiter bremsen. Und wenn der Lehrkörper hauptsächlich über die eigene Wellness und die Frühpensionierung nachdenkt und gute Schüler immer noch als Streber oder Schleimer tituliert werden, senden wir dem Nachwuchs die falsche Botschaft. Wenn man eine Elite haben möchte, muss Leistung von

Kindesbeinen an gefordert und belohnt werden – egal was der Beruf des Vaters sein mag oder welchen illustren Namen er trägt. Mit Musikwettbewerben und Singtalent-Shows wie DSDS werden die falschen Werte propagiert.

75 Schule in Berkeley und hier

Ein Kommilitone aus meiner Studentenzeit an der University of California in Berkeley verbringt gerade ein Forschungsjahr in Montpellier in Frankreich und besuchte uns am südlichen Ende Deutschlands. Sowohl er als auch seine Frau sind Professoren in Berkeley. Akademikerpaare gemeinsam an derselben Universität einzustellen, ist übrigens eine zunehmend erfolgreiche Strategie im Wettbewerb um die besten Professor(inn)en.

Bei Gastvorträgen in Europa entschuldigen sich amerikanische Wissenschaftler immer wieder für ihre jetzige Regierung und deren Politik – manchmal sogar nicht nur in persönlichen Gesprächen, sondern gleich am Beginn ihres Seminars vor versammelter Mannschaft. Natürlich hat kein Akademiker George „W." Bush gewählt – schon gar nicht im traditionell liberalen Berkeley, der einstigen Keimzelle der Protestbewegung gegen den Vietnamkrieg. Bush ist ihnen nur peinlich. Aber man arrangiert sich und versucht, mehr Zeit im Ausland zu verbringen oder wechselt sogar an eine Universität in Kanada. Schulen und Universitätsausbildung waren in den USA schon immer privatere Angelegenheiten als in Kontinentaleuropa. So sind auch die meisten der führenden amerikanischen Universitäten zu großen Teilen privat finanziert. Die Öffentlichen sind im Durchschnitt schlechter. Auch wenn die Politik, besonders die Außenpolitik, der jetzigen US-Regierung dem Ansehen des Landes auf lange Sicht massiv geschadet hat, so hat sich für die Schulen, Universitäten und die Forschung nicht sehr viel verändert. Natürlich hat die „Big Business"-Orientierung der Regierung von Bush jr. zu ungeheuerlichen Einmischungen in die wissenschaftliche Erforschung des Klimawandels geführt.

Fast selbstredend haben auch die religiös konservativen Kräfte erreicht, dass Stammzellforschung fast nicht mehr mit öffentlichem Geld aus Washington gefördert werden darf. Aber im Gegenzug hat schon eine große Zahl von Bundesstaaten auf diesen Missstand mit eigenen milliardenschweren Förderprogrammen für die Stammzellforschung reagiert. Und mit privatem Geld kann sowieso an fast allem geforscht werden.

Da die allermeisten amerikanischen Universitäten und Colleges ein weit niedrigeres Niveau haben als die hiesigen, versuchen amerikanische Eltern ihren Kindern mit allen Mitteln – und diese reichen von überdurchschnittlich intelligenten Eizellen- oder Samenspendern bis zu Tutoren, die Dreijährigen Mandarin beibringen – die Zulassung zu den besten Schulen und Universitäten zu ermöglichen.

Die staatliche Berkeley High School hat eigentlich einen sehr guten Ruf – und dennoch schicken fast alle Professoren aus Berkeley, die ich kenne, ihre Kinder auf teure Privatschulen. Diese kosten sie fast 20.000 Dollar pro Jahr und Kind. So werden schon vor Beginn des Studiums bis zu 250.000 Dollar in die Ausbildung eines Kindes investiert. Die vier Jahre im College kosten dann oft nochmals gerne den gleichen Betrag.

Glücklicherweise erlassen viele amerikanische Universitäten den Kindern von Angestellten die Studiengebühren oder zahlen sogar die äquivalenten Kosten für ein Studium an anderen Universitäten – wenn die Kinder begnadet genug sind, um dort zum Studium zugelassen zu werden.

Und wie sieht es in Frankreich aus? Die beiden Söhne meiner

Freunde waren, so erzählen sie, in dem Jahr an der internationalen Schule in Montpellier unterfordert. Sie hörten zum ersten Mal von dem Konzept „Streber" und waren überrascht, dass nicht mehr Leistung gefordert wurde. Aber vielleicht können sie diesen Nachteil dann in ihrer privaten Schule zu Hause in Berkeley wieder wettmachen.

76 Klimawandel und Ockhams Skalpell

Wie funktioniert Wissenschaft? Einige der Prinzipien werden oft verwechselt oder vergessen. Der Unterschied zwischen Korrelation und Kausalität etwa.

Eine Korrelation ist nicht mehr und nicht weniger als eine Beziehung zwischen Variablen – sie zeigt nicht notwendigerweise eine Ursachen-Wirkung-Beziehung. Beispiel: Es gibt weniger Störche als früher, und es werden immer weniger Babys geboren. Aber niemand würde hinter dieser Korrelation eine Kausalität vermuten.

In der Wissenschaft gilt außerdem das Prinzip der sparsamsten Erklärung. Es wird Ockhams Skalpell (auch Ockhams Rasiermesser, Parsimonie-Prinzip oder Lex Parsimoniae) genannt, nach dem Mönch Wilhelm von Ockham (1285–1349). Danach wird stets die einfachste von mehreren möglichen Erklärungen für ein Phänomen angenommen. Alle anderen Theorien werden „wegrasiert". Dies brachte Ockham 1323 eine Anklage wegen Ketzerei ein und später die Exkommunikation durch Papst Johannes XXII. Ein göttliches Eingreifen ist eine kompliziertere Erklärung, wenn wissenschaftliche Gesetze die Natur einfacher erklären. Trotzdem hatte er natürlich Recht, und sein Prinzip wird bis heute in der Wissenschaft angewandt. Das sollte es auch beim Thema Klimawandel.

Der drastische Anstieg der Kohlendioxidkonzentration in der Atmosphäre korreliert nicht nur mit dem Temperaturanstieg, sondern ist auch eine sehr plausible Ursache dafür und im Prinzip testbar. Aber wenn nun behauptet wird, dass warme Perioden der jüngeren Geschichte auch politisch ruhigere waren und in kälteren Perioden Katastrophen die Regel waren – dann bin ich erst einmal skeptisch. Wenn jemand weiterhin behauptete, dass die Brutalität alter Kindermärchen, die während der „kleinen Eiszeit" (Anfang des 15. bis ins 19. Jahrhundert) in Europa erzählt wurden, durch niedrige Temperaturen und daraus irgendwie resultierende menschliche Verrohung zu erklären sei, dann würde ich diese These zunächst einmal für sehr fragwürdig halten. Und ich würde mir auch nicht wegen dieser entfernten Möglichkeit ein wärmeres Klima wünschen und daraus irgendwie resultierende harmonischere Umgangsformen erhoffen. Auch wenn postuliert wird, dass die Pest nicht zufälligerweise in Zeiten eines klimatisch geschwächten Mitteleuropas wütete, dann würde ich dies erst einmal für Humbug halten und für nichts anderes als eine irrelevante zeitliche Korrelation.

Mit ernster Wissenschaft haben diese jüngst in seriösen Medien verbreiteten Märchen nur sehr entfernt zu tun. Die globale Erwärmung ist übrigens auch sicher nicht die einfachste, einzige oder plausibelste Erklärung für die zunehmende Gewalt im Fernseher.

77 Nicht genug Platz auf Noahs Arche

In der Pfingstwoche bietet sich ein biblisches Thema an. Aber eigentlich auch wiederum nicht. Schließlich sollten Religion und Naturwissenschaft im 21. Jahrhundert nicht mehr in einer Kolumne gemeinsam auftauchen müssen, könnte man zumindest hoffen. Aber die Nachricht, dass in dieser Woche ein neues „Museum“ in der Nähe von Cincinnati eröffnet wird – ein „Kreationismus-Museum“ –, kann nicht unkommentiert bleiben.

Die Gemeinschaft „Answers in Genesis“ will hierin zeigen, wie Adam und Eva zusammen mit allen anderen Kreaturen von Gott geschaffen wurden. Diese scheinen hauptsächlich publikumswirksame Dinosaurier zu sein (am sechsten Tag der Schöpfung gemacht), die als animatronische Roboter nachgebildet sind, was Kindern besonders gefallen dürfte. Vor 6.000 Jahren, als den Museumsbetreibern zufolge die Erde erschaffen wurde, lebten sie im Garten Eden vor dem Sündenfall noch friedlich mit Noah und seinen Verwandten miteinander. Der Zweck des „Museums“ ist es zu beweisen, dass die Bibel die ultimativen Antworten auf alle Fragen bereithält. Auch wenn diese Antworten im offensichtlichen Konflikt zu denen der Wissenschaft stehen. Sie sind dank wörtlicher Auslegung der Genesis schon im Alten Testament zu lesen.

So gibt es in Cincinnati wundersamerweise neben dem Garten Eden auch eine Nachbildung der Arche Noah und eine Art Planetarium, in dem zwei Engelsgleiche behaupten, dass Gott die Wissenschaft liebt. Diese Ausstellungsstücke sollen beweisen, dass es die Arche wirklich gab und Evolution offensichtlich genauso, wie der Big Bang, falsche Behauptungen sind. Es sind nach diesem Weltbild wohl vernachlässigbare wissenschaftliche Details, dass sich Dinosaurier und Homo sapiens um viele Millionen Jahre verpasst haben und dass Fossilien nicht die Überbleibsel der Tiere sind, die es nicht auf die Arche schafften.

Die Bibeltreuen vertrauen der wörtlichen Auslegung der Schrift, und so ist dann konsequenterweise die Welt nur 6.000 anstatt vier Milliarden Jahre alt, und es passten Millionen von Tierarten (und deren Futter für wenigsten 40 Tage) auf ein 20 Meter langes Schiff. Es muss wohl sehr eng auf der Arche gewesen sein – und friedlich, sonst wären wohl nur Raubtiere und nicht auch Pflanzenfresser übrig geblieben.

Aber zu diesen fragwürdigen Details nimmt das erste Buch Moses nicht weiter Stellung. Es ist wohl nicht nötig, weiter auf diesen Nonsens einzugehen, aber ich kann nicht umhin zu erwähnen, dass es sogar „ernsthafte" Berechnungen zur Größe der Arche gibt und Zugeständnisse an den gesunden Menschenverstand: So wurden aus Platzgründen nur junge Dinosaurier auf der Arche mitgenommen. Noah hatte wohl auch noch in seinem 600. Lebensjahr genug Verstand, nicht zu viele erwachsene Tiere mitzunehmen. Details, Details: Woher hatte die Taube Noahs eigentlich das abgepflückte Blättchen des Ölbaums, wenn doch alles Leben außerhalb der Arche vernichtet war?

Historisch erwuchsen Naturkundemuseen im 19. Jahrhundert aus der Verbreitung wissenschaftlicher Erkenntnis. Dieses „Museum" in Cincinnati jedoch stellt die menschliche Ratio und wissenschaftliche Erkenntnisse auf den Kopf. Diese Desinformation ist gefährlich und unverantwortlich, vor allem Kindern gegenüber. Die Gehirne von Kindern werden in diesem Themenpark gewaschen, anstatt wie in richtigen Museen angeregt und geprägt. Leider kann dieser Blödsinn nicht milde amüsiert als letzter Exzess der religiösen Amis abgetan werden, denn auch in Kanada und der Schweiz werden ähnliche Themenparks geplant.

Ich weiß nicht, ob man weinen oder lachen soll.

78 China und die globalisierte Wirtschaft

China! Ich bin gerade dort und schreibe Ihnen also direkt aus dem Reich der Mitte. China – das ist so eine Sache. Jedes Unternehmen will dabei sein, die Chance nutzen, hier billiger produzieren zu können. Das kostet zwar zunächst einmal Arbeitsplätze in den westlichen Industrienationen, lässt aber diese Firmen vielleicht längerfristiger überleben als jene, die nicht in China produzieren lassen. Das ist Globalisierung. Keine Nation kann sich ihr entziehen, wir sind alle mittendrin – auf Gedeih und Verderb. Jeder will ein Stück vom Kuchen China abhaben, aber jeder hat auch Angst, von Chinesen kopiert und dann überholt zu werden – auch das ist natürlich Globalisierung.

Gerade wurde in deutschen Medien berichtet, dass der Transrapid jetzt in China kopiert wird – das sollte eigentlich niemanden mehr besonders überraschen. Und die Chinesen begnügen sich auch nicht mehr nur mit Kurzstrecken, wie der zum Flughafen nach Schanghai, für die sie den deutschen subventionierten Firmen zu wenig zahlen wollten. Schon jetzt ist der Ausbau der Strecke von Schanghai nach Hangzhou genehmigt. In Zukunft wird es vielleicht sogar eine Verbindung von Schanghai nach Peking geben – natürlich mit dem billigeren China-Transrapid-Nachbau und nicht mit dem sehr viel teureren deutschen Original.

Ähnliches wie dem Transrapid-Konsortium wird auch dem europäischen Flugzeugkonzern EADS mit dem Airbus passieren. Die Fluggesellschaft China Air hat nur unter der Auflage in großer Stückzahl bestellt, dass das Flugzeug auch in China gefertigt werden wird. Etwa zeitgleich kam die Ankündigung aus dem Reich der Mitte, in den Bau von Passagierflugzeugen einzusteigen. Zufall? Wohl eher nicht.

Ich konnte vor ein paar Tagen in „China Daily“, der regierungskontrollierten, englischsprachigen Zeitung nachlesen, wie sich diese Kopiererei aus offizieller Sicht in Peking darstellt. Yin Xintian, der Sprecher des staatlichen Büros für geistiges Eigentum, kündigte an, dass China bald einen nationalen strategischen Plan für Richtlinien für den Umgang mit geistigem Eigentum erlassen werde. Der Plan, angeblich aufbauend auf 30 Jahren chinesischer Erfahrung mit dem Schutz geistigen Eigentums, soll von einem passiven, schützenden Ansatz auf einen umfassenden, innovativen umgewandelt werden.

Soll etwa heißen: von einer Ideologie, die ausländische Investoren anlockt und in Sicherheit wiegt, zu einer, die dem technologischen Fortschritt des Landes und dessen Exporterfolgen gerechter wird.

Im letzten Jahr wurden angeblich mit viel Aufwand Trademark, Copyright und Patente geschützt, 30 Millionen Imitate konfisziert und 263 Täter verhaftet. Gleichzeitig positioniert sich China für seine eigenen Marken und Exporte mit einer weltweit führenden Zahl von über einer Million Anmeldungen für Markenzeichen und 210 000 Patentanmeldungen in den letzten fünf Jahren. Der pro-aktive Ansatz wird auch billige Anleihen für Firmen ermöglichen, wenn Patente als Sicherheit hinterlegt werden.

Staatliche Institutionen in China wollen mit gutem Beispiel vorangehen. Sie brüsten sich damit – man höre und staune –, dass sie sogar angefangen haben, Originalsoftware (nicht mehr nur die in China üblichen Raubkopien) zu kaufen, und die Umstellung auf Originalsoftware bis Ende des Jahres vollzogen haben wollen.

Dann stand noch in einem anderen Artikel in der „China Daily“, dass chinesische Firmen mehr Markenidentität anstreben. „Made in China“ wird dann wohl bald in der Welt einen anderen Klang haben als heute. Ähnliches passierte ja schon in den letzten sechzig Jahren mit „Made in Japan“. Und vor 120 Jahren auch mit „Made in Germany“.

79 China und der globale Klimawandel

Peking ist ein Moloch unter einer permanenten Abgasglocke. Hitze und Luftfeuchtigkeit sind schwer zu ertragen. Hier wohnt man nicht, weil es so schön ist, sondern, weil es Jobs gibt.

Vielleicht erlaubt die Situation Pekings einen Einblick in Chinas Verhältnis zu Natur, Umweltschutz und globalem Klimawandel. Die Boom-Ökonomie Chinas ist allgegenwärtig. Mittlerweile drei Millionen Autos verpesten Pekings Luft, wobei sie wohl, wie bei uns, kaum mehr als zehn Prozent zum gesamten CO^2-Ausstoß beitragen. Das Straßenbild – wir dürfen uns freuen – dominieren Autos deutscher Machart. Das China-Modell Santana, aber auch Jetta und Passat sind die häufigsten. Und ich habe noch nie zuvor so viele brandneue Audi A6 gesehen – ausnahmslos in Schwarz. Polos sind seltener, man zeigt gern den neuen Reichtum.

Auch wenn natürlich noch längst nicht alle Chinesen Autos besitzen, ist das bisherige dominante Verkehrsmittel klar auf dem Rückzug. Die breiten Fahrradwege, die früher wahre Fahrradverkehrsstaus gesehen hatten, sind auffallend leer und Fahrräder durch Elektrofahrräder und Mopeds ersetzt. Der Energiehunger der rasant wachsenden Wirtschaft ist ein dringliches Problem. Es können gar nicht schnell genug Kraftwerke gebaut werden, um den notwendigen Strom für Elektrofahrräder, Klimaanlagen und andere Energiefresser des neuen Reichtums zu produzieren. Alternative Energiequellen wie Windenergie sind bisher fast nicht anzutreffen. Und wenn umweltschonende Energie wie Wasserkraft genutzt wird, dann nur in gigantischem, zerstörerischem Ausmaß: Der Drei-Schluchten-Staudamm des Yangtse-Flusses wird zu einem ökologischen Desaster führen. Dass viele Tierarten aussterben werden durch diesen Staudamm, wird billigend in Kauf genommen. Außerdem, so munkelt man, wird der Sohn des früheren Präsidenten davon profitieren. Korruption ist immer noch eine Geisel Chinas. Der Mangel an Elektrizität ist offensichtlich. Selbst in der Hauptstadt ist die Stromversorgung sehr labil – Ausfälle an der Tagesordnung –, leider auch während der Konferenz, an der ich teilnehme. Allerdings sind auch einige Teile Pekings oder Schanghais dominiert von den typischen riesigen, aufdringlichen Neonreklamen, wie man sie aus Tokio kennt. Der Druck der Regierung, Energiesparlampen zu benutzen, wird den Strommangel kaum beheben. Trinkwasser ist ein weiteres riesiges Problem. Selbst in Tibet, dem Ursprungsland der größten Flüsse der Welt, gibt es nicht ununterbrochen Wasser.

In der offensichtlichen Verachtung der Umwelt von der Industrie bis zum Mann auf der Straße – überall werfen die Menschen Müll hin – verhält sich China wie ein Entwicklungsland, das es in vielen Teilen auch noch ist. Naturschätze werden rücksichtslos ausgebeutet, nicht nur Wasser und Erze, sondern auch die Gallenblasen vom Aussterben bedrohter Bären, die in der traditionellen Medizin verwendet werden. Die Natur dient den Bedürfnissen des Menschen – dies scheint Teil der chinesischen Mentalität zu sein.

Aber die auf Umweltbewusstsein drängenden westlichen Industrienationen haben natürlich kein moralisches Bein, auf dem sie stehen können – sie sind ja schon reich und haben in der Vergangenheit ihre eigene Natur erheblich geschädigt. Chinas Einstellung zum Klimawandel hat eine gewisse Berechtigung: Die westlichen Industrienationen haben bisher in viel größerem Maße zur globalen Erwärmung beigetragen als es selbst. Bisher. Doch die Bevölkerung Chinas macht mehr als 20 Prozent der Menschheit aus – und dies fordert chinesische Verantwortung für den gesamten Planeten. Aber China, so scheint es, will vor allem eines werden – reich. Koste es die Umwelt, was es wolle.

80 China und die globalisierte Wissenschaft

John ist Engländer, Andreas Deutscher und Masami Japaner. Sie sind angesehene Professoren, die in ihrer Heimat in Alterspension gehen sollten, nun aber den Neustart in China wagen. Das ist neu – China kauft ausländische Reputation ein. Man kann die wissenschaftliche Euphorie dort geradezu schmecken.

China schafft es immer öfter, nicht nur seine besten Studenten aus dem Ausland zurückzuholen, sondern auch Ausländer als Professoren anzulocken. Zwar sind die Gehälter mit 400 bis 1.000 Euro monatlich noch bescheiden, aber bei den niedrigen Lebenskosten lässt es sich damit gut leben. China wird eine Wissenschaftsmacht. Neue Labore sind wettbewerbsfähig ausgestattet, das Peking Genome Institute etwa ist international bestens positioniert. Die Forschungsausgaben sind mittlerweile nach den USA und Japan die dritthöchsten. Das Budget der nationalen Forschungsförderungsinstitution Chinas erhöht sich seit 15 Jahren um 20 Prozent jährlich. Wissenschaft und die Rekrutierung von Talenten werden immer globaler. China ist einer der wichtigsten „Rohstofflieferanten", kein Wunder bei 1,3 Milliarden Menschen und der traditionellen Wertschätzung für Gelehrte und Bildung. In den USA sind in vielen Fachbereichen die meisten Doktoranden Asiaten. Junge weiße Amerikaner wollen lieber schnell viel Geld als Jurist, Arzt oder Börsenmakler verdienen als bei relativ geringer Bezahlung 70 Stunden pro Woche im Labor zu stehen. Der gleiche Trend ist in Japan und westlichen Industrieländern zu verzeichnen. Um im globalen Wettbewerb mitzuhalten, müssen die besten Köpfe angelockt und gehalten werden. Thomas Friedman, Kolumnist der „New York Times", schlägt vor, jedem ausländischen Doktoranden in den USA die permanente Aufenthaltserlaubnis zu erteilen. Es geht nicht um Mitleid, sondern um intellektuelles Kapital.

Die Deutsche Forschungsgemeinschaft (DFG) schloss viele bilaterale Abkommen mit der chinesischen Forschungsförderungsbehörde und hat sogar ein Büro in Peking eröffnet. Die Max-Planck-Gesellschaft fördert Labore mehrerer Nachwuchsforscher in China, und sogar meine kleine Universität hat in Peking ein Büro eröffnet. Es scheint, dass sich alle die Klinke in die Hand geben in China, um mehr Doktoranden zu gewinnen. Warum? Haben wir nicht selbst genug talentierte Wissenschaftler? Offenbar leider nicht, zumal wir unsere jungen Talente mit deutschem Steuergeld in die USA schicken.

Das alles ist sehr fragwürdig, denn die Chinesen profitieren viel mehr als Deutschland. Fast kein Chinese bleibt auf Dauer hier. Wir bilden auf Kosten des Steuerzahlers die künftige Konkurrenz aus. Verkehrte Welt! Mit dem Geld sollte man besser junge Talente hier heranziehen und pflegen – schließlich zahlen ihre Eltern die Steuern und nicht die Chinesen.

Um motivierte Wissenschaftstalente im Land zu haben, müssen wir die eigenen „verlorenen Kinder“ aus dem Ausland (meist den USA) zurückholen und mehr junge Heimatgewächse für die Wissenschaft begeistern. Die Besten sollten berufen werden, nicht die Liebchen des Mittelmaßes aus Mitleid oder Angst vor den Besseren. Viele Talente nennen die Ungerechtigkeit und Undurchsichtigkeit der deutschen Berufungspolitik als Grund für ihr Exil.

Deutschland muss wieder an die große Wissenschaftstradition vor dem Zweiten Weltkrieg anknüpfen. Wissenschaft muss attraktiver werden: frühere Unabhängigkeit, geregelte Prozesse für eine Daueranstellung, flexible Belohnung für Leistung, generell bessere Gehälter und ein positiveres Image. Dümmer als die Chinesen sind wir sicher nicht – wir sind nur weniger. Euphorie ist genauso ansteckend wie Dauerpessimismus und Schwarzseherei. Umdenken statt Kaputtreden!

81 Revolution des deutschen Uni-Systems

Die Deutsche Forschungsgemeinschaft (DFG) hat nun das so genannte „Overhead" eingeführt. Das bedeutet, dass den Universitäten neben dem bewilligten Geld für die direkten Ausgaben eines Forschungsvorhabens (etwa Gehälter und Chemikalien) zusätzlich 20 Prozent als indirekte Unterstützung überwiesen werden. Das könnte kolossale Veränderungen bewirken.

Forschungsaktive Universitäten können damit mehr in die Infrastruktur (Labore, Bibliothek, Stipendien) investieren. Bisher zahlen deutsche Unis drauf, wenn ihre Professoren besonders erfolgreich Drittmittel werben, denn oft forderten die Gutachter der DFG, dass bestimmte Ausstattungen von den Unis zusätzlich gestellt werden. Jetzt wird es sich – so die Hoffnung – für Universitäten auszahlen, die besten Forscher anzulocken (zumindest die, die das meiste Geld anwerben). Dies wird den Wettbewerb fördern.

Overhead gibt es schon lange in den USA und Großbritannien. Gerade in naturwissenschaftlich-medizinischen Fachbereichen kann oder muss das Professorengehalt ganz oder teilweise durch Drittmittel eingeworben werden. Dies bedeutet auch, dass in einigen Fachbereichen Professoren, die es nicht mehr schaffen, Drittmittel einzuwerben, Gehaltseinbußen, den Verlust von Laborräumen oder sogar ihrer Anstellung befürchten müssen. Die Overheadquote variiert in den USA. Sie wird mit den Unis einzeln ausgehandelt und kann bei besonders begründeten Situationen sogar 100 Prozent übersteigen. So ist das Overhead in Universitäten wie Stanford zur wichtigsten Einnahmequelle geworden.

Die Professoren könnten auch hier vom Kostenfaktor zur Einnahmequelle der Unis werden. Denn sie werben mehr Overhead ein, als sie die Universität in Form von Gehältern, Laborausstattung und anderer Infrastruktur kosten. Meist müssen sie auch ihre Laborflächen von der Universität mieten und auch mit eingeworbenen Drittmitteln Studiengebühren für ihre Mitarbeiter zahlen. So lässt sich Erfolg in harter Währung messen und wird in einigen besonders kompetitiven Fachbereichen mit Tafeln in der Lobby der Gebäude für alle sichtbar ausgewiesen. Dies sind die negativen Exzesse dieses durchaus brutalen Systems, in dem sich niemand auf seinen Lorbeeren ausruhen kann. Jede weitere Entwicklung auf dieser abschüssigen Bahn muss daher sorgfältig bedacht werden. Overhead ist möglicherweise die größte Revolution des deutschen Universitätssystems seit Jahrzehnten – mit Potenzial zu guten, aber auch negativen Folgen.

82 Schleimaale und der Kopf der Wirbeltiere

Kenntnisse über die Anatomie von Organismen sind „out". Studenten und Wissenschaftspolitiker dringen immer stärker darauf, dass Forschung wirtschaftlich verwertbar ist. Dies ist ein bedauerlicher Trend, denn Deutschland kann auf eine lange Geschichte der weltweiten Führung in zwei Disziplinen zurückblicken, deren Ruhm inzwischen sehr verblichen ist, weil sie zu wenig en vogue sind und vermeintlich zu esoterisch: vergleichende Embryologie und Morphologie.

Wie groß die Bedeutung der deutschen Forschung war, beweist die Tatsache, dass auch heute noch viele Doktoranden in den USA, Japan, Korea und China Deutsch lernen (und sogar eine Prüfung in einer Fremdsprache ablegen müssen). Denn sie brauchen den Zugang zur alten deutschen morphologischen Literatur. Es gibt noch immer sehr viel Grundsätzliches auf diesem Gebiet zu entdecken und zu verstehen. Und das wird immerhin als so wichtig erachtet, dass es häufig in den führenden Journalen „Nature“ und „Science“ veröffentlicht wird.

Die jetzigen Leitfiguren der vergleichenden Morphologie heißen deshalb Kuratani oder Shubin, und deutsche Namen wie Gegenbauer oder Haeckel sind nur noch Wissenschaftsgeschichte. Shigero Kuratani aus Japan hat beispielsweise versucht, die embryologischen Ursprünge des Panzers von Schildkröten zu verstehen – eine evolutionär einmalige Erfindung, die aus modifizierten Rippen entstanden ist.

Kuratani erforscht besonders die tiefsten noch lebenden Linien der Wirbeltiere. Die ursprünglichsten von ihnen, die vor mehr als 500 Millionen Jahren entstanden sind, leben wahrscheinlich seit mehreren hundert Millionen Jahren fast unverändert in den Tiefen der Ozeane – die Schleimaale. Verwandte von ihnen, die Neunaugen, leben heute noch in Bächen und Flüssen auch hierzulande. Schleimaale sehen ähnlich aus wie Aale, sind aber keine. Sie haben nämlich nur Knorpel und keine Knochen im Skelett, sind fast blind und – interessanterweise – haben noch keine Kiefer. Sie saugen sich oft als Aasfresser an Wal-Kadavern in der Tiefsee fest und raspeln mit ihren kreisrund angeordneten Zähnen Fleisch ab. Als ursprüngliche Evolutionslinie sind sie besonders interessante Studienobjekte. Sie zeigen uns, wie die Strukturen modernerer Wirbeltiere entstanden sind, beispielsweise komplettere Gehirne, Kiefer und Hals.

Die Erforschung der embryologischen und molekulargenetischen Innovationen, die einhergingen mit der Evolution dieser Strukturen (etwa auch paarige Flossen, aus denen dann unsere Arme und Beine wurden) schaffte es auf die begehrten Seiten von „Nature“. Kuratani konnte zum ersten Mal seit 1930 Embryonen von Schleimaalen im Labor züchten, um daran molekular-embryologische Studien vorzunehmen.

Neuralleistenzellen sind eine bestimmte Gruppe von Zellen, aus denen in fortschrittlicheren Wirbeltieren wichtige Strukturen wie

Teile des Knochenskeletts des Kopfes, Zähne, Teile des Nervensystems und Pigmentzellen der Haut entstehen. Lange galten diese Zellen als Erfindung der modernen Wirbeltiere. Kuratanis Team konnte nun zeigen, dass die Schleimaale diese äußerst wichtigen Zelltypen auch schon besitzen. Ferner, dass bestimmte charakteristische Gene an den erwarteten Strukturen angeschaltet sind und sie auch das typische Wanderverhalten zeigen, wie es auch in der menschlichen Embryonalentwicklung stattfindet. Dies macht die primitiven Schleimaale embryologisch und genetisch zu schon viel fortschrittlicheren Wirbeltieren, die aber trotzdem merkwürdigerweise noch so viele primitivere oder sekundär wieder vereinfachte Merkmale zeigen. Warum dies so ist, wird vielleicht in der nächsten Veröffentlichung aus Japan in „Nature" erklärt werden.

83 Ein Wurm findet seine Familie

Als Lübecker, der wie Thomas Mann prägende Gymnasialjahre auf dem „Katharineum" genoss, war ich schon lange von einem Wurm namens „Buddenbrockia plumatelle" fasziniert, als Biologe sowieso. Buddenbrockia ist eines der merkwürdigsten Organismen – mit einer bis vor kurzem unbekannten Familiengeschichte.

Dieser enigmatische mikroskopisch kleine wurmartige Parasit wurde 1910 von Otto Schröder nach dem Zoologen Wolfgang von Buddenbrock benannt. Er hat keine Mundöffnung, keinen Darm, keinen Nervenstrang – sein Körper bietet demnach kaum Informationen, um ihn taxonomisch (also in das hierarchische Namenssystem) einzuordnen. Er scheint nicht einmal ein Vorder- oder Hinterende zu haben. Deshalb wurde das Tier lange von verschiedenen Wissenschaftlern ganz verschiedenen Tierstämmen zugeordnet.

Erst vor kurzem zeigten die Arbeiten aus dem Labor von Peter Holland aus Oxford, dass dieses Tier wohl zu den Nesseltieren gehört – was sehr merkwürdig ist. Der Stamm wird Cnidaria genannt und umfasst zum Beispiel festsitzende Seeanemonen und Quallen. Cnidaria zeichnen sich unter anderem durch Nesselzellen aus, die zum Beutefang oder zur Verteidigung dienen.

Fast alle anderen Tierstämme, auch der Stamm der Wirbeltiere (Vertebrata), zu dem wir gehören, sind bilateral symmetrisch: Sie haben zwei symmetrische Körperhälften. Obwohl Buddenbrockia mit seinen vier Muskelsträngen einen eher bilateralen Körperbau hat, gehören alle Verwandten zu dem Tierstamm, der dieses wichtige Merkmal eben nicht hat, sondern keine oder gleich mehrere Symmetrieachsen aufweist.

Wie eine Qualle oder Koralle sieht Buddenbrockia nun wirklich nicht aus – eher wie ein degenerierter Rundwurm. Trotzdem belegen vergleichende Genanalysen die überraschenden Verwandtschaftsverhältnisse zu den radial-symmetrischen, medusenähnlichen Nesseltieren. 50 Gene des Wurmes wurden dafür analysiert und verglichen.

Das überraschende Ergebnis impliziert, dass wurmähnliche Baupläne zweimal im Tierreich entstanden sind – in Buddenbrockia aus radial-symmetrischen Nesseltier-Vorfahren und dann nochmals unabhängig aus einem ur-bilateralen Vorfahren, aus dem auch schließlich die Säugetiere entstanden. Die Evolution wiederholt sich also doch, zumindest gelegentlich, – aber selten auf so dramatische Art und Weise wie in diesem enigmatischen Fall.

84 Haben wir etwa zu viele Akademiker?

In den letzten Jahren verließen 150.000 Facharbeiter und ungezählte Akademiker pro Jahr Deutschland. Fernsehsender zeigen Shows über Auswanderer und die angeblich so wunderbaren Möglichkeiten außerhalb Deutschlands. Der „Spiegel" berichtet in einer Serie über einen Studenten an einer amerikanischen Eliteuniversität. Haben wir zu viele Facharbeiter und Akademiker, dass wir sie animieren, das Land zu verlassen?

Als Vertrauensdozent der Studienstiftung bin ich oft daran beteiligt, unsere talentiertesten Studenten ins Ausland zu schicken. Sosehr ich mich für den Einzelnen freue über die Möglichkeit zur Horizonterweiterung, so enttäuscht mich doch das Wissen, dass mehr als 30 Prozent von ihnen nicht zurückkommen werden.

Ich bin selbst mit 21 Jahren nach Amerika gegangen, zunächst durch ein deutsches Stipendium unterstützt, habe dort studiert und meine erste Professur erhalten. Nach 16 Jahren bin ich nach Deutschland zurückgekehrt. Es war keine einfache Entscheidung. Ich hatte nie Heimweh, war aber immer dankbar für das Stipendium – ich weiß, es klingt fast lächerlich, so etwas zu sagen. Es ging mir in jeder Hinsicht gut in den USA. Die „Can do"-Einstellung und das positive Denken sind ansteckend und angenehm. Diese Einstellung fehlt hier. Die provinzielle Kleingeisterei und der Bürokratieexzess in der Universität und anderswo lähmen die Kreativität.

Nach der Rückkehr dachte ich oft, ich hätte einen riesigen Fehler gemacht. Ich wurde oft gefragt, warum ich denn nach Deutschland zurückgekommen bin. Ich weiß, dass nicht alles Gold ist, was glänzt in den USA. Auch denke ich, dass meine Wissenschaft von der Rückkehr profitiert hat – wie ich generell die Forschungsbedingungen hier für sehr viel besser halte als ihren Ruf. Ich weiß auch, wie hart und frustrierend das Wissenschaftlerleben selbst an den besten US-Universitäten sein kann. Die Einstellung zum Staat ist einer der größten Unterschiede. Auch zehn Jahre nach der Rückkehr erstaunt mich immer noch das Anspruchsdenken der Deutschen. Die Studenten haben umsonst das Gymnasium besucht und (bisher) auch die Universität. Dennoch und obwohl sie meist noch nie Steuern gezahlt haben oder sonst etwas für das Allgemeinwohl getan hätten, glauben sie, dass der Staat ihnen etwas schuldet. Tut er nicht! Der Staat versorgt die Bürger zu gut. Aus meiner amerikanisierten Perspektive denke ich, dass ein bisschen weniger staatliche Unterstützung der Gesellschaft gut täte.

Es wäre an der Zeit, sich des berühmten Satzes von John F. Kennedy zu erinnern: „And so, my fellow Americans (Germans!), ask not what your country can do for you; ask what you can do for your country“. Aber so etwas zu sagen ist wohl sehr altmodisch.

85 Dr. Pangloss und der Sinn des Lebens

Seit fast 50 Jahren suchen verschiedene SETI-Programme (Search for Extra-Terrestrial Intelligence) nach intelligentem Leben im Universum – erfolglos. Es herrscht absolute Funkstille in den Weiten des Weltalls. Mit der Suche nach Wasser auf dem Mars schürt die US-Raumfahrtbehörde Nasa die Hoffnung, dort Leben zu finden. Man darf vermuten, dass es auch darum geht, mehr Geld für die Weltraumforschung zu ergattern. Es ist egal, ob uns wissenschaftliche Neugierde oder Sehnsucht nach kosmischen Kameraden antreibt. Wir sind allein im Universum – soweit wir wissen.

Nur unser Planet hat in unserem Sonnensystem eine Temperatur an seiner Oberfläche, die lebensnotwendiges Wasser in flüssiger Form enthält. Bei uns ist es nicht zu warm wie auf dem Merkur oder

der Venus und nicht zu kalt wie auf dem Mars oder Planeten, die noch weiter von der Sonne entfernt sind. Die Erde ist in der sehr engen „Goldilocks-Zone“: gerade nicht zu nahe und nicht zu weit weg von der Sonne. Auch andere physikalische Parameter und Gesetzmäßigkeiten des Universums scheinen auf der Erde auf unwahrscheinliche Weise genau richtig getroffen, um Leben, zumindest so wie wir es auf Basis von Kohlenstoff kennen, zu ermöglichen.

Einige Physiker und Kosmologen glauben daher, dass es kein Zufall sein kann, dass diese physikalischen Konstanten so lebensfreundlich sind. Einzelne betreten gar das Feld der Metaphysik und vermuten eine Art Plan. Die Entstehung des Lebens sei eher notwendig als zufällig. Dies ist offensichtlich ein Grenzbereich, so dass unbeantwortbare Fragen in das Feld von Philosophie und Religion ausgelagert werden.

Das erinnert mich an Dr. Pangloss aus Voltaires Roman „Candide oder die beste der Welten“ von 1759. Er lehrt „Metaphysiko-theologo-kosmolonigologie“. Voltaire verspottet in dieser Figur den naiven Optimismus von Leibniz, der die beste aller Welten postulierte, weil die Dinge angeblich nicht anders sein könnten, als sie sind. Dr. Pangloss erklärt beispielsweise, dass unsere Nasen so gemacht sind, damit wir Brillen tragen können, und Beine, damit wir Schuhe anziehen können.

Die Absurdität dieser Ansicht lässt sich auf die relative Unwahrscheinlichkeit des Lebens auf der Erde anwenden. Nur weil die Erklärung von Naturkonstanten und einer Physik vor dem Big-Bang schwierig oder gar unmöglich scheint, folgt daraus nicht, dass es einen großen Plan gibt, nach dem das Leben entstanden sein muss.

Auch ohne einen solchen Plan oder tieferen Sinn des Lebens lässt es sich (noch) gut auf Mutter Erde leben. Wissenschaft und Religion sollten sich auch an dieser vermeintlichen Schnittstelle klar voneinander fernhalten.

86 Sommercamp für die Wissenschaft

Dies muss der einzige Strand der Welt sein, an dem „Science" und „Nature" gelesen werden und nicht „Bild" oder die „Bunte". Das Marine Biological Laboratory (MBL) in Woods Hole auf Cape Cod bei Boston ist nicht irgendeine Meeresforschungsstation. Es ist das wissenschaftliche Mekka der Meeresbiologen, zu dem im Sommer viele mit der ganzen Familie wie die Zugvögel wandern. Das MBL beherbergt weltberühmte Labore. Viele Forscher aus Boston haben dort ein zweites Labor, zum Beispiel Matthew Meselson aus Harvard, der hoffentlich bald den längst überfälligen Nobelpreis bekommen wird.

Jeden Tag begegnet man Angehörigen der wissenschaftlichen Crème de la Crème in Shorts und T-Shirt. Deren Familien sind oft befreundet und verbringen gemeinsam den Sommer dort. Die über 100-jährige Geschichte des MBL ist mit illustren Namen gespickt. Mehr als 50 Nobelpreisträger haben hier geforscht oder in den berühmten Sommerkursen gelehrt, die Hunderte von Studenten aus der ganzen Welt anlocken.

In den letzten Jahrzehnten des 19. Jahrhunderts wurden nicht nur in den USA viele Meeresstationen gegründet. Die Erforschung von Larven und Embryonen von Meerestieren begann zu erblühen. Auch Deutschland, das leider kein solches Labor von internationalem Rang hat, war damals in dieser Disziplin führend. So wurde die Meeresstation in Neapel nach dem Deutschen Anton Dohrn benannt.

Im Sommer brummt das MBL nur so vor Aktivität. Viele Wissenschaftler von Weltrang mieten sich für die Sommermonate Laborplätze nahe bei ihren meeresbewohnenden Forschungsobjekten. Sie suchen aber auch den Austausch mit Studenten und Kollegen in der Cafeteria oder am Strand. Die Familien sind sehr rustikal in Holzhütten untergebracht, aber es geht ja auch nicht vornehmlich um Komfort.

Urlaub ist ohnehin verpönt unter Wissenschaftlern in den USA. Ich kenne zumindest niemanden, der zugibt, in Urlaub zu fahren. Man hängt vielleicht mal ein langes Wochenende an eine Konferenz, aber mehrere Wochen Urlaub wie in Europa sind unbekannt. Die Wissenschaftler der Westküste tun zwar manchmal so, als ob sie den Tag hauptsächlich mit Surfen verbringen und das Labor nebenbei läuft – vielleicht um noch genialer zu wirken. Aber an der Ostküste herrscht Workoholic-Mentalität. Es wird auch nicht nach fünf Uhr nachmittags privatisiert, wie der Biophysiker Max Delbrück (1906–81) einmal die deutschen Verhältnisse beschrieb.

Vielleicht ist auch dies ein Grund, warum pro Dollar mehr Wissenschaft in den USA herumkommt als in Europa. Man macht nicht Wissenschaft, man lebt sie – selbst noch am Strand.

87 Gespendetes Geld stinkt meist nicht

Die International University Bremen wurde unlängst in Jacobs University umbenannt. Eine Spende der Bremer Kaffee-Dynastie von etwa 200 Millionen Euro macht's möglich.

Das Spenden inklusive namentlicher Ehrung des Spenders hat eine lange Tradition an Universitäten. Einige der besten amerikanischen Privatuniversitäten heißen nach Rockefeller, Carnegie Mellon, Duke, Stanford oder Vanderbilt. Diese Universitäten konkurrieren lange nach dem Tod des Gründungsspenders um die besten Studenten, Professoren oder Sportler. Sie sorgen dadurch dafür, dass diese Eisenbahnbarone oder Ölfürsten nicht vergessen werden. Für weniger Geld wird ein Hörsaal, ein Seminarraum oder auch nur ein Stuhl im Audimax nach dem Spender benannt.

Das Mäzenatentum erblüht erfreulicherweise auch in Deutschland wieder und wird hoffentlich weiter gedeihen. So erhielt die Universität Frankfurt kürzlich 33 Millionen Euro aus dem Nachlass einer Bankierswitwe. Erfreulicherweise verdoppelte das Land Hessen die Summe sogar nochmals, dank eines Programms, das die Unis motivieren soll, sich um Spenden zu bemühen. Alle profitieren, niemand leidet darunter. Sollte man zumindest denken.

Aber dann passierte etwas Merkwürdiges – und Urdeutsches. Der Präsident der Universität Frankfurt forderte, anstatt sich einfach zu freuen, einen „Stiftungs-Verhaltenskodex". Spenden, so das Argument des Präsidenten, sind nicht immer bedingungslose Zuwendungen. Ein neues Gremium an seiner Universität soll dafür sorgen, dass der Einfluss eines Geldgebers nicht die Freiheit von Forschung und Lehre beeinträchtigt. So kann man sich hinter Gremienentscheidungen verstecken, denn das geschenkte Geld muss ja irgendwie verteilt werden. Wer Akademiker kennt, weiß, dass so etwas immer zu Streit und Neid führt.

Man sollte glauben, dass es harmlos ist, wenn ein Hörsaal, eine Professur oder gar die ganze Universität nach dem Spender benannt wird. Niemand wird gezwungen, das Geld anzunehmen. Und wenn dem geschenkten Gaul ins Maul geschaut wird und er zu restriktive Bedingungen an den Beschenkten stellt, dann braucht man nur „Nein, danke" zu sagen.

Aber stolz wird verkündet, dass Frankfurt mit neuen Regeln eine Pionierrolle einnimmt, denn „es gibt in Deutschland bisher nichts Vergleichbares". Ich sage: zum Glück! Wenn dieses Land von etwas wirklich dringend weniger braucht, dann sind es Regeln und Kommissionen. Solche Maßnahmen sind für die Spendierfreudigkeit sicherlich nur abträglich. Regeln und Gremien könnten das aufkeimende Blümchen der Spendenfreudigkeit wieder vertrocknen lassen.

88 Kosten der universitären Exzellenz

Die Universitäten der USA dienen oft als Vorbild für ein erfolgreiches Bildungssystem. Deshalb gibt es jetzt Bachelor und Master statt Vordiplom und Diplom an hiesigen Universitäten, und sogar der Kalender des akademischen Jahres soll angelsächsischen Gepflogenheiten angepasst werden.

Aber Vorsicht! Bei Vergleichen hat man die Verhältnisse an den 50 führenden Forschungsuniversitäten der USA vor Augen. Die Realität der Tausenden anderen Universitäten und Colleges ist dagegen ernüchternd. Generell ist die Ausbildung in den USA schlecht. Darüber lamentieren auch die Amerikaner selbst. Das typische Gymnasium und die durchschnittliche Universität hier sind weit besser als der Durchschnitt dort. Deutsche Ingenieure sind Weltspitze und machen mit ihren Maschinen und Autos Deutschland zum Exportweltmeister. Es fehlen nur Spitzenuniversitäten, die die besten Köpfe der Welt anlocken und deren Reputation sich mit Oxford oder Stanford messen kann.

Auch die öffentlichen Universitäten der USA lassen sich kaum mit unseren vergleichen. Die besten, wie das System der University of California mit Flaggschiffen wie Berkeley und UCLA oder auch die University of Michigan, sind zwar formell öffentlich. Sie sollen die begabtesten vier Prozent der Kinder des Staates exzellent ausbilden. Doch sie funktionieren eher wie ein Betrieb und weniger wie eine Behörde. Von den kalifornischen Landeskindern verlangt Berkeley zwar nur einige Tausend Dollar jährlich, aber Nichtkalifornier zahlen ein Vielfaches für das Privileg, dort studieren zu dürfen.

Das Studium ist so teuer, dass Eltern oft seit der Geburt des Sprösslings dafür sparen. Oder sie stottern jahrelang Schulden ab – oft mehr als 100 000 Dollar. Doch selbst die hohen Gebühren decken nur einen Teil der Kosten. Der große Rest kommt von Spenden, aus nationalen Forschungstöpfen und aus den Erträgen der Rücklagen. Diese belaufen sich in Berkeley auf etwa 2,4 Milliarden Dollar, also etwa eine Million für jeden der 24 000 Studenten. Im Vergleich zu Harvards 30 Milliarden Dollar ist das sogar bescheiden.

Es passt nicht recht, wenn wir uns mit Harvard oder Princeton vergleichen, denn dies sind Organisationen, die wie reiche Firmen funktionieren. Die immer noch wie Behörden arbeitenden deutschen Universitäten können sie nicht imitieren. Sich dann einzelne Teile des vermeintlichen Rezepts herauszupicken klappt auch nicht, denn das Drumherum ist anders. Das Nachmachen wird nicht ohne weiteres funktionieren. Wir müssen unseren eigenen Weg zur internationalen Spitze finden. Sicher ist, dass Exzellenz ihren Preis hat. Aber man muss sie auch wirklich wollen. Nebenbei wird keine Universität zur internationalen Spitzenklasse.

89 Wie Berkeley seine Zukunft sieht

Robert Birgeneau, der Kanzler meiner Alma Mater, der University of California-Berkeley, hat in der Zeitschrift „Nature Materials“ dargelegt, wie er sich die exzellente öffentliche Universität im 21. Jahrhundert vorstellt. Er überlegt, wie seine Uni die Stellung als eine der besten der Welt gegen die sehr reichen privaten Universitäten in den USA halten kann.

Von Professoren erwartet Birgeneau, dass sie signifikant zu ihrem Fach beitragen und über Fachbereichsgrenzen hinaus kooperieren können. Interdisziplinarität wird zunehmend als wichtige zukunftssichernde Initiative gesehen. So wurden schon mehrere multidisziplinäre Zentren zu Gesundheitstechnologie, Energie und Umwelt gegründet. Der Ölkonzern British Petroleum hat Berkeley einen Zuschuss von 500 Millionen Dollar für die Erforschung von Biokraftstoffen gegeben.

Doch solche Industriekooperationen sind nicht erste Priorität in Berkeley, sondern die nicht unmittelbar wirtschaftlich zielgerichtete Grundlagenforschung. Diese Orientierung hat sich ausgezahlt. 20 Nobelpreise gingen bisher an Professoren aus Berkeley. Nobelpreisträger bekommen einen reservierten Parkplatz; sicherlich ein Anreiz bei der akuten Parkplatznot.

Berkeley gehört zum University of California (UC) System, gemeinsam mit neun anderen Universitäten. Weil Berkeley eine staatliche Universität ist, die sich – zu einem immer kleiner werdenden Teil – aus Mitteln des Staates Kalifornien finanziert, sind etwa 90 Prozent der Studenten Kalifornier. Die besten vier Prozent eines Schuljahrgangs werden zugelassen.

Die meisten Studenten in Berkeley sind asiatischer Herkunft, „Weiße" dominieren den Campus schon seit einigen Jahren nicht mehr. Etwa 20 Prozent der Doktoranden stammen nicht aus den USA. Im globalen Wettkampf um die besten jungen Wissenschaftler vorne zu liegen, gilt als wichtiger Aspekt der internationalen Positionierung der Universität.

Nicht-Kalifornier zahlen in Berkeley etwa 14 000 Dollar pro Semester an Studiengebühren, statt rund 4 000 Dollar wie die kalifornischen Studenten. Die Rücklagen Berkeleys betragen 2,4 Milliarden Dollar, also etwa eine Million Dollar pro Student. In Berkeley kommen auf 34 000 Studenten – davon 10 000 Doktoranden – 2 000 Professoren. Von solchen Verhältnissen kann man an deutschen Universitäten nur träumen, denn hier kommen eher 50 bis 80 Studenten auf jeden Professor. Die Sorgen von Kanzler Birgeneau möchte ich haben!

90 Geringere Gebühren für Einheimische

Deutsche (staatliche) Universitäten gehören nicht zu den 50 besten der Welt. Doch auch die besten Unis der Welt sind nicht unbedingt nur private wie Harvard, Princeton oder Stanford, sondern auch öffentliche wie die University of California.

Wie die staatlichen Universitäten Deutschlands sollen sie unter anderem Landeskinder ausbilden. Allerdings kann die University of California Berkeley wählerisch sein und nur die vier Prozent Jahrgangsbesten aus Kalifornien zum Studium zulassen. Weil aber diese Universität zum Teil durch die Steuern kalifornischer Bürger (und Eltern) finanziert wird, darf nur eine Minderheit der Studienplätze an Nicht-Kalifornier vergeben werden. Außerdem unterscheiden sich die Studiengebühren für Landeskinder deutlich von denen für andere Amerikaner und Ausländer. Kalifornier zahlen etwa 4000 Dollar pro Semester, alle anderen 14.000. US-Staatsbürger gelten nach einem Jahr als Kalifornier und zahlen von da an nur noch die geringeren Gebühren. Ausländer müssen meist für das ganze Studium die höheren Gebühren zahlen, daher versuchen öffentliche Universitäten in den USA, nicht nur immer mehr Spenden einzuwerben, sondern auch mehr Ausländer anzulocken. Wenn diese klugen internationalen Köpfe nicht nur mehr fürs Studium zahlen, sondern danach der US-Wirtschaft und Wissenschaft erhalten bleiben, haben die USA im globalen Wettbewerb einen Vorteil.

Einige deutsche Bundesländer erwägen nun in ähnlicher Weise, Landeskindern keine oder reduzierte Gebühren abzuverlangen. Das Argument, dass die Eltern schließlich Steuern in dem Bundesland zahlen, leuchtet ein. Deutsche Universitäten sollten nach amerikanischem Vorbild ausländischen Studenten realistischere, also erhöhte, Studiengebühren abverlangen. Denn deren Eltern haben in Deutschland keine Steuern gezahlt, die die Universitäten finanzieren. Der deutsche Steuerzahler zahlt für die Ausbildung der ausländischen Konkurrenz. Die Investition, ausländische Studenten hier auszubilden, ist viel riskanter als in den USA, denn die Wahrscheinlichkeit, dass sie nach dem Studium hier bleiben (dürfen) und damit zum Standort beitragen, viel geringer ist.

Aber die Sache hat noch einen entscheidenden Haken. Unsere deutschen Universitäten genießen – vielleicht zu Unrecht – international keinen genügend guten Ruf, dass sich die intelligentesten Ausländer darum reißen würden, hier zu studieren – erst recht nicht, wenn sie realistischere Studiengebühren zahlen müssten. Der Ruf unserer Universitäten muss sich dringend bessern, sonst kommen die Besten nicht, und wir werden im internationalen Vergleich weiter nach hinten rutschen.

91 Warum mein Labor so bunt ist

An meinem Lehrstuhl hatte ich eine Postdoktoranden-Stelle zu vergeben. In einem E-Mail-Verteiler, der Tausende Evolutionsbiologen weltweit erreicht, habe ich sie bekannt gemacht. Es bewarben sich 43 Kandidaten aus 23 Ländern. Die meisten kamen, wie immer, aus China und Indien. Kein Wunder: China verlassen etwa 380.000 und Indien etwa 270.000 akademisch Ausgebildete pro Jahr. Eine Studie der Weltbank für die „New York Times“ zeigt, dass zwischen 1990 und 2000 die akademische Zuwanderung in westliche Länder um 69 Prozent zunahm.

Meine Bewerber kamen aus Russland, der Schweiz, Moldawien, Italien, Indien, dem Libanon, China, Korea, Frankreich, Iran, den Niederlanden, Jordanien, Australien, Ägypten, Japan, Kanada, Argentinien, Bangladesch, Finnland, Zimbabwe, Brasilien. Ach ja, zwei

Kandidaten sind Deutsche. Mein Labor war schon immer recht international. Zurzeit sind neben Deutschland auch Japan, Finnland, England und Kanada vertreten. Labor-Sprache ist Englisch. Deutschkenntnisse sind nicht überlebenswichtig, selbst nicht in einer süddeutschen Provinzstadt wie Konstanz. Natürlich schadet es aber nicht, wenn man Bier und Maultaschen auch auf Deutsch bestellen kann.

In den letzten zehn Jahren stellten Deutsche meist nicht die Mehrheit meines Labors. Ich würde gerne mehr lokale Talente ausbilden, aber dies wird einem nicht leichtgemacht. Für deutsche Doktoranden gibt es zwar ausreichende Mittel, aber die Deutsche Forschungsgemeinschaft vergibt zu selten Geld an deutsche Postdoktoranden. Denen wird nahegelegt, ins Ausland zu gehen. Dafür gibt es Geld. Aber es müsste auch genug attraktive Stellen für sie geben, damit sie zurückkehren. Alle hiesigen Professoren, die ich kenne, beklagen den Mangel an exzellentem deutschem Nachwuchs. Wo sind die begnadeten jungen deutschen Wissenschaftler? Wohl in den USA, denn fast 1,3 Millionen ausländische Akademiker wandern dorthin – jedes Jahr.

Ich versuche lediglich, die besten Mitarbeiter zu gewinnen, unabhängig von ihrer Nationalität. Mich wundert aber, dass nach Deutschland pro Jahr 200.000 mehr Akademiker zuwandern als abwandern. Ausländischen Wissenschaftlern wird es durch Stipendien des Deutschen Akademischen Austauschdienstes (DAAD) oder der Alexander-von-Humboldt-Stiftung relativ leicht gemacht zu kommen. Die International Research Schools der Max-Planck-Gesellschaft sind zu einem (zu?) großen Prozentsatz mit osteuropäischen Studenten besetzt. Gut so, wir brauchen ausländisches Talent. Aber wir sollten sie nicht nur ausbilden, sondern auch versuchen, sie hier zu halten. Die Stelle habe ich einem Argentinier angeboten, der gerade seine Doktorarbeit in Schweden abschließt.

92 Andere Länder, andere Sitten

Wie spätesten seit den Pisa- Studien bekannt, ist schulischer und beruflicher Erfolg in Deutschland zu sehr abhängig von der sozialen Herkunft. Die Lotterie, in welchem Elternhaus man geboren wird, beeinflusst die Bildungschancen und damit auch das Einkommen und den Zugang zu Führungsposten. Bedauerlicherweise. Denn es führt auch zur Vergeudung von intellektuellem Kapital und kaufmännischem Tatengeist.

Dies ist aber nicht nur ein deutsches Problem. Auch der American Dream bleibt meist eine Illusion. Die meisten noch so exzellenten Tellerwäscher werden selbst in den USA nie Millionäre werden. Die Kreise der Rockefeller und Astor stehen für normale Amerikaner nicht offen. Wer seine Vorfahren nicht bis zur Mayflower zurückverfolgen kann, zählt nicht zum „blue blood". Dennoch wird der Mythos der nach oben offenen Gesellschaft am Leben erhalten. Denn so lassen sich die sozial Benachteiligten beschwichtigen und ausbeuten mit der ewigen Hoffnung auf den Aufstieg. Aber in den USA wird der „self-made man" mehr geachtet als der mit einem Silberlöffel im Mund geborene. So kann ein österreichischer Bodybuilder Governor von Kalifornien werden und eine Kennedy heiraten.

Dies kam mir in den Sinn, als ich die Bewerbungsschreiben aus vielen verschiedenen Nationen für eine Stelle an meinem Lehrstuhl durchsah. Es ist frappierend, wie unterschiedlich sich die Kandidaten vorstellen und welche Informationen sie im Lebenslauf geben. Deutsche schicken meist ein Foto, was sonst fast nur Inder und Chinesen tun. Was Deutsche aber auch offen legen, ist das Geburtsdatum, ihre Religion, ob sie verheiratet sind und Kinder haben, gelegentlich sogar das Alter der Kinder und ihre Namen, der Beruf des Vaters, manchmal sogar der Beruf und Mädchenname der Mutter. Diese Daten findet man bei den meisten anderen Nationalitäten nicht.

In den USA gibt man diese Informationen nie preis, weil sie Diskriminierungsgründe sein könnten. Wenn Alter, Geschlecht oder Religion eine Rolle gespielt haben bei der Einstellung, dann wäre das Anlass für eine gerichtliche Klage wegen Diskriminierung.

Da sind die Umstände hier völlig andere. In Berufungskommissionen wird der Kandidat geradeheraus gefragt, was denn die Frau beruflich macht und wie alt die Kinder sind. Oder hinter vorgehaltener Hand sagt ein älterer Kollege, dass diese Dame ruhig auf eine Professur berufen werden könnte, da sie ja schon aus dem Reproduktionsalter heraus sei. Das Gleichstellungsgesetz hat noch viel zu leisten in Deutschland.

93 Hippokrates trifft Darwin in Dänemark

Die dänische nationale Stiftung zur Forschungsförderung rekrutiert mit einem besonderen Programm internationale Talente. Für das Zentrum für Soziale Evolution der Universität Kopenhagen wird jetzt ein Professor für „evolutionäre Medizin" gesucht. Er soll mit den Zentren für Vergleichende Genomik, Funktionelle Genomik, Medizinische Parasitologie und Makroökologie zusammenarbeiten. Wahrlich ein interdisziplinärer Ansatz. Diese Professur ist meines Wissens ein Novum in Europa.

Mein ehemaliger Kollege George C. Williams (State University of New York) hat zusammen mit Randolph Nesse (University of Michigan) das Feld der evolutionären oder darwinistischen Medizin begründet. Worum geht es? Auch unsere Spezies ist selbstverständlich Resultat einer evolutionären Vorgeschichte. Diese ist nicht nur in unserem Genom, sondern auch im Körper manifestiert. Unser Körperbau und unsere Physiologie sind eine Kombination zufälliger evolutionärer Entwicklungen und selektiver Vorteile vergangener Generationen. Die darwinistische Medizin versucht, die Kausalitäten von Krankheiten zu verstehen und zu unterscheiden. Durchfall, Fieber, Schwangerschaftskrankheiten und andere Malaisen sind auch evolutionär zu erklären – und sollten auch so behandelt werden. Das könnte die Entscheidung für oder gegen Medikamente erleichtern. Fieber ist z.B. oft eine Reaktion auf bakterielle Angriffe. Mit Hitze versucht der Körper, die temperaturempfindlichen Angreifer zu besiegen. Fiebersenkende Mittel können manchmal eher schaden als helfen.

Wir sind ein lebender Kompromiss, dessen evolutionäre Vorgeschichte sich durch genetische Ähnlichkeiten nicht nur mit unseren Primatenvettern zeigt, sondern auch mit Mäusen und sogar Kohlrabi. Unsere fischigen und amphibischen Vorfahren, ja auch die meisten unserer Primatenvorfahren bewegten sich parallel zur Längsachse auf allen Vieren fort. Unser aufrechter Gang mit dem bestehenden Konstruktionsprinzip führte zu einem problematischen Kompromiss: Wer Rückenprobleme hat, weiß, wovon ich rede.

Noch revolutionärer wäre es, wenn diese Professur in der Medizin statt der Biologie angesiedelt wäre. Aber die Einsicht, dass der Mensch nicht aus dem Nichts „de novo" entstand und sich somit Medizin auch als historische Wissenschaft sehen sollte, ist wahrscheinlich doch noch etwas zu radikal.

Ausländische Wissenschafts-Stars werden übrigens in Dänemark mit nur 25 Prozent Steuerlast für die ersten drei Jahre geködert. Eine zweite wahrlich innovative Idee der nördlichen Nachbarn.

94 Blaue Auktion für den Meeresschutz

Der Schwede Carl Linné, der in diesem Jahr 300. Geburtstag hat, erfand das System der binominalen Nomenklatur. Nach einer einfachen Regel benennen Wissenschaftler die Arten dieser Erde. Dass man damit Geld für den Artenschutz verdienen kann, damit hätte Linné wohl nie gerechnet. Jede Art, ob Tier, Pflanze oder Einzeller, wird mit einem Gattungsnamen (wie beispielsweise Homo) und einem Artnamen (sapiens) benannt. Bei der Auswahl der Namen müssen sich die Beschreiber an strenge Regeln halten. So dürfen sie nicht ihrer Eitelkeit frönen und den Organismus nach sich selbst benennen. Dafür ist anderes möglich: Etwa einem parasitischen Wurm den Namen eines Konkurrenten zu verpassen oder einer besonders schönen Blütenpflanze den Namen der Freundin. Auch der Name eines Stifters ist zulässig, und genau das brachte findige Forscher vor einigen Jahren auf eine ungewöhnliche und lukrative Idee: Warum nicht das Namensrecht an einer neuen Art an den Meistbietenden versteigern? Zu Weihnachten letzten Jahres hatte ich Ihnen an dieser Stelle bereits vorgeschlagen, einen Artnamen zu verschenken; origineller, einmaliger und langlebiger geht es wirklich nicht. Durch das deutsche Biopat-Programm (www.biopat.de) können Sie sich oder Ihren Liebsten eine höchst individuelle Freude machen, indem Sie die Patenschaft für eine neue Spezies übernehmen und deren Namen bestimmen. Und es dient einem guten Zweck: Für eine Spende von nur wenigen Tausend Euro pro Art werden so die Biodiversitätsforschung und der Artenschutz unterstützt. Die Preise steigen mit Größe, Seltenheit und Schönheit der Art – von etwa 3.000 Euro für den Namen eines Insekts bis zu 13.000 Euro für einen neuen Kolibri. Bisher haben die deutschen Pioniere dieser Idee insgesamt mehr als 310.000 Euro eingeworben. Das ist eine Menge Geld. In welche Dimensionen man aber durch richtiges Marketing mit der Versteigerung von Namen gelangt, verdeutlichte in der letzten Woche in Monaco die Mutter aller Artnamenversteigerungen der – wie könnte es anders sein – amerikanischen Naturschutzorganisation „Conservation International". Unter der Schirmherrschaft von Prinz Albert II. versteigert ein Auktionator von Christie's aus London in der ersten „Blue Auction" die Rechte von zehn Fischnamen und einem Forschungsschiff. Der Erlös soll für den Schutz der Biodiversität in indonesischen Gewässern genutzt werden. Es war wie bei einer „echten" Auktion: Es gab anonyme Telefonbieter und hitzige Schlachten um das Recht auf einen Fischnamen. An diesem Abend wurden zwei Millionen Dollar gestiftet! Der teuerste Name war der für eine neue Haiart: Preis 500.000 Dollar. Was hätte dazu wohl der alte Linné gesagt?

95 Niente Scientia in bella Italia

Mario Capecchi ist einer der drei diesjährigen Nobelpreisträger für Medizin. Dass er den Nobelpreis bekommen hat, ist keine Überraschung, sondern war nur eine Frage der Zeit. Die Knockout-Methode zur Erforschung von Genfunktionen revolutionierte mehrere Zweige der Wissenschaft. Es ist auch nicht überraschend, dass er in den USA forschte, denn die weitaus meisten Nobelpreise für Medizin und Physiologie gehen an US-Amerikaner oder ausländische Forscher, die dort forschen.

Das Ungewöhnliche im Fall Capecchi ist, dass er in Italien geboren wurde. Es gibt nämlich nur zwei weitere gebürtige Italiener in der über einhundertjährigen Geschichte des Nobelpreises: Camillo Golgi (1906) und Rita Levi-Montalcini (1986), die ebenfalls in den USA forschte. Es scheint, als ob seit Jahrzehnten die besten Wissenschaftler Italiens das Land verlassen müssen, um anderswo – meist in den USA – zu forschen. Nur ein einziger Nobelpreisträger, der Schweizer Bovet, hat zumindest einen Teil seiner preiswürdigen Entdeckungen vor dem Gewinn des Preises 1957 in Italien erforscht. Dann wechselte er für einige Jahre an die über 400 Jahre alte, aber eher unbedeutende Universität von Sassari auf Sardinien.

Genau dort hielt ich letzte Woche einen Vortrag – und hörte nachher endlose Klagen der Wissenschaftler über die miserablen Forschungszustände in Italien.

Trotz der vermeintlich objektiven Auswahlkriterien der öffentlich ausgeschriebenen Concorsi bekommt selten der fähigste Bewerber die Stelle. Fast immer werden die wenigen Professorenstellen an die Schüler der lokalen Alphamännchen vergeben. Labore sind miserabel ausgestattet, für die Drittmitteleinwerbung gibt es fast keine Unterstützung. Die Institute sind heruntergekommen, die Professoren überlastet mit zu viel Lehraufgaben und unnötiger Bürokratie.

Klingt irgendwie bekannt.

Die italienischen Kollegen nehmen es mit Galgenhumor. Der schnellste Weg zur Besserung wäre ein Krieg mit Frankreich oder Spanien. Wenn Italien den Krieg verlöre, würde die Wissenschaft wenigstens wie im siegreichen Frankreich oder Spanien organisiert und gefördert werden.

Es ist also kein Wunder, dass das Land die besten Forscher ins Ausland treibt. Die meisten Bewerbungen für europäische Forschungsmittel kommen aus Italien. Die pure Not treibt die Kollegen, denn es gibt fast keine nationalen Forschungsgelder. Hinzu kommen Willkür, Intransparenz und Ungerechtigkeiten, die fast noch demotivierender sind. Die Pisa-Studien offenbaren die Folgen: Das Land da Vincis und Galileos ist das Schlusslicht Europas.

Und die deutsche Forschung? Am schmerzlosesten lernt man aus den Fehlern anderer, heißt es.

96 Wissenschaft und Politik im Krieg

Die Beziehung zwischen Politik und Wissenschaft ist keine einfache. Wissenschaftler wollen meist in Ruhe und mit viel Ressourcen ausgestattet unbehelligt von politischen Einflüssen ihren Forschungszielen nachgehen. Politiker sehen dies meist anders, schließlich zahlt der Steuerzahler die Zeche.

Diese oft gegensätzlichen Ansprüche sind in diesen Wochen der Bekanntgabe der Nobelpreise oder des 50. Jubiläums des Sputniks nicht ganz so offensichtlich. Dafür zeigt sich die Komplexität dieser Beziehung bei anderen Themen umso klarer.

Es klingt vielleicht zynisch, aber der Kalte Krieg war für die Wissenschaft und Bildung in den USA ein Segen. Er brachte nicht nur eine Armada tödlicher Raketen hervor, sondern auch ein Heer junger Raketenforscher. In den Jahrzehnten nach Sputnik wurde das Budget nicht nur für die Raumfahrt und Kriegsforschung, sondern auch für die Grundlagenforschung regelmäßig kräftig erhöht. Die Erfolge sind an der Zahl der Nobelpreisträger aus den USA ablesbar, was natürlich auch Politiker freut.

Warum, nebenbei bemerkt, aber auch in Deutschland der bei weitem größte Teil des öffentlichen Forschungskuchens von der Raumfahrt verspeist wird, bleibt wissenschaftlich zumindest für mich unverständlich. Aber Politiker zeigen ihren Völkern und Politikerkollegen nun einmal gerne, wie groß ihre Macht und ihre Raketen sind und wie viel Geld sie im wahrsten Sinne des Wortes verpulvern können.

Politik fördert Wissenschaft, wenn sie ihren Interessen dient, sie behindert sie aber auch. Der manchmal unselige Einfluss der Bush Regierung auf die Forschung in den USA zeigt dies deutlich. Man spricht dort schon von einem Krieg gegen die Wissenschaft, den besonders staatlich angestellte Klimaforscher und die Stammzellforschung zu spüren bekommt. Und selbst der Umweltschutz bleibt von diesen Einflüssen nicht unberührt, mit verheerenden Folgen für die kommenden Generationen.

Gerade erst wurde aufgedeckt, dass das amerikanische Innenministerium Entscheidungen in 28 Bundesstaaten bezüglich des Schutzes von 55 vom Aussterben bedrohten Arten politisch beeinflusst hat. In dem Ministerium wurden Dokumente verändert, Gutachten ignoriert und sogar Ergebnisse von Analysen gefälscht. Eine in der 34-jährigen Geschichte des Artenschutzgesetzes der USA unvergleichliche Prozesslawine rollt an. Einige Politiker traten zurück. Andere versuchen ihren Gewinn daraus zu ziehen. Die Demokratin Hillary Clinton verspricht, dass es unter ihrer Präsidentschaft keinen politischen Druck mehr auf die Wissenschaft geben wird. Republikanische Kandidaten sagen sich derweil öffentlich vom Evolutionsgedanken los. Wie gesagt: Das Verhältnis von Politik und Wissenschaft ist kein einfaches.

97 Keine Exzellenz für alle

Nun ist es offiziell: Was wir in Konstanz längst geahnt, gehofft und – natürlich – immer auch ein bisschen gewusst haben: Wir zählen zu den besten Universitäten Deutschlands.

Es ist trotz aller Gleichmacherei der Vergangenheit eine Realität des Lebens, dass die meisten gemessenen Dinge einer Gauß'schen Normalverteilung um einen Mittelwert herum folgen. Die wissenschaftliche Qualität deutscher Universitäten ist da keine Ausnahme. Die Frage ist nur, ob man so etwas überhaupt objektiv messen kann und, wenn ja, ab welcher Qualität dann die offizielle Exzellenz am rechten Ende der Verteilungskurve anfängt? Bei den besten zehn

Prozent oder schon den besten 20? Unabhängig davon: Dass es dieses nationale Vorsingen der Universitäten vor internationalen Gremien gab, hat einen dringend notwendigen „Roman-Herzog'schen-Ruck" durch die Universitäten gehen lassen. Es hat das ganze Klima verändert, das spürt jeder.

Die gleichmacherischen Rufe nach Egalität und Gerechtigkeit werden künftig im Kampfgeschrei des Wettbewerbs um Fördermittel und des stolzen Sich-auf-die-Brust-Schlagens untergehen.

Die Universitäten müssen nun nicht mehr gleich sein, und die Spitzen werden aus der Bildungslandschaft immer weiter herausragen, und Unterschiede werden immer deutlicher werden. Solange es weiterhin tektonische Bewegung in die beamtengelähmte Universität bringt, müssen alle Beschränkungen fallen, die diesen Trend aufhalten. Oder?

Merkwürdig ist nur, dass dann doch etwa ein Drittel alle Universitäten etwas vom Exzellenzkuchen abbekommen haben. Damit dies finanziell möglich wurde, hat man den Auserwählten noch am gleichen Tag 15 Prozent der zugesagten Gelder wieder abgezwackt.

Zugleich werden Rufe nach weiteren Exzellenzinitiativen für Forschung oder gar Lehre laut. Brauchen wir noch mehr davon, so lange, bis alle Unis wieder gleich exzellent sind? Sicherlich nicht.

Die Deutsche Forschungsgemeinschaft hat mit der „Overhead-Finanzierung", durch die Universitäten zukünftig 20 Cent zusätzlich auf jeden neu eingeworbenen Förderungseuro bekommen, den Weg bereitet, künftig die Aktivisten weiter zu belohnen und zu stärken. Vielleicht werden es dann tatsächlich einige deutsche Universitäten schaffen, von der Bundesliga in die Champions League der Wissenschaften aufzusteigen.

98 Das traurige Ende des ehrlichen Jim

Für die Doktorandenprüfung in Berkeley musste ich ein Buch von James D. Watson lesen. In der 1968 veröffentlichten „Doppelhelix" beschreibt Watson als Ich-Erzähler, wie er und Francis Crick 1953 die Struktur des Erbmaterials DNS entdeckten. 1962 erhielten die beiden gemeinsam mit Maurice Wilkens dafür den Nobelpreis. Watson wollte das Buch zunächst „Honest Jim" (ehrlicher Jim) nennen, denn er wollte es als ungeschönten Bericht verstanden wissen. Das Buch löste einen Skandal aus, weil es unter anderem das tägliche Leben im Cambridge der 50er-Jahre inklusive Frauengeschichten beschrieb. Wie historisch genau und ehrlich Watson tatsächlich war, ist unter Wissenschaftshistorikern bis heute umstritten.

Das Buch ist zumindest sehr spannend und unterhaltsam zu lesen und wurde zum Bestseller. Es vermittelt jungen Wissenschaftlern eine nützliche Lektion über die Arbeit in einem Forschungslabor und den Weg zu einer großen Entdeckung. Jim Watson erhielt den Nobelpreis im Alter von nur 34 Jahren für eine Entdeckung, die er mit 25 gemacht hatte. Seitdem wurde der heute 79-Jährige zu einem der berühmtesten lebenden Wissenschaftler. Er litt nie unter mangelndem Selbstbewusstsein. Er machte sich als internationaler Botschafter der molekularen Genetik und als Direktor des berühmten Cold Spring Harbor Laboratoriums in New York verdient.

Nie wich er einem Mikrofon aus und begeisterte viele Menschen mit seinen geistreichen und intelligenten Einsichten und Visionen. Er wurde ein Medienliebling und zog reiche Spender für sein Labor an. Zuletzt wurde er zum ersten Menschen, dessen komplettes Genom sequenziert wurde.

Doch der Nobelpreisträger sorgte in den Jahrzehnten nach seinem Buch auch immer wieder für Aufruhr, zum Beispiel mit wissenschaftlich zweifelhaften und unhaltbaren Äußerungen über die genetischen Grundlagen von Dummheit und Dickleibigkeit. Zuletzt sprach er von der mangelnden Intelligenz der Afrikaner.

Jim Watson war immer der Meinung, dass es zu den Verhaltensregeln eines Wissenschaftlers gehört, völlig ehrlich zu sein und „Mist" auch als „ Mist" zu bezeichnen. Nur seine Ehrlichkeit vermischte sich, je älter er wurde, immer öfter mit Merkwürdigkeit und Senilität.

Manchmal sagte auch der „ehrliche Jim" einfach nur unhaltbaren Blödsinn, manchmal nur politisch Unbeliebtes. Jetzt musste er in Cold Spring Harbor seinen Hut nehmen – auch um weiteren Schaden für das Ansehen der ganzen Wissenschaft zu vermeiden.

99 250 Jahre Forschung einscannen

Die Artenvielfalt unseres Planeten in einer einzigen, weltweit zugänglichen Internet-Datenbank: Das ist das Ziel der „Encyclopedia of Life" (EOL), die der vielleicht bekannteste Biodiversitätsforscher der Welt, Edward O. Wilson von der Harvard-Universität, initiiert hat.

Dort bekommt jede der mehr als 1,5 Millionen bekannten Arten eine eigene Seite mit Beschreibungen, Verbreitungskarten – und Links zur Fachliteratur. Und genau da beginnt eine der ganz besonderen Herausforderungen. Denn in den fast 250 Jahren, seit Carl von Linné seine „Systema Naturae" einführte, hat sich eine ganze Menge taxonomischer Fachartikel angesammelt, in teilweise obskursten Nischenzeitschriften und natürlich nicht als PDF. Es wird fast noch schwieriger werden, diese Literatur virtuell zugänglich zu machen, als die Arten in der Datenbank zu beschreiben.

In den zehn weltweit führenden Naturkundemuseen lagern etwa

320 Millionen Seiten taxonomischer Literatur. Dieser Papierberg soll in der digitalen „Biodiversity Heritage Library" virtuell zusammengetragen werden, in die dann aus den Beiträgen der EOL verlinkt wird. Dahin führt nur ein mühevoller Weg: Jede einzelne Seite muss fein säuberlich eingescannt werden.

Es ist eben nicht ganz so einfach, fast 250 Jahre Forschung unter einem Dach zusammenzufassen.

100 Die falsch verstandene Fitness

Das öffentliche Verständnis der Evolutionsbiologie ist voll von Missverständnissen. Die meisten Menschen verbinden zum Beispiel mit Evolution und Darwins bahnbrechendem Werk „Die Entstehung der Arten" die Phrase des „survival of the fittest". Dabei verwendete Darwin dieses geflügelte Wort in der Anfangszeit gar nicht in seinem Werk. Es war sein Zeitgenosse Herbert Spencer, der es als Kurzformel für die Beschreibung des evolutionären Prozesses der natürlichen Auslese formulierte. So griffig der Ausdruck war, so missverständlich ist er bis heute.

Schon allein das Wort Fitness: Im evolutionären Sinn hat es nichts mit dem landläufigen Begriff „Fitness" zu tun. Es geht um evolutionären Erfolg. Innerhalb einer Gruppe von Tieren, einer Population, gibt es gut und weniger gut an ihre Umwelt angepasste Individuen. Die Folge: einige überleben besser als ihre Artgenossen und hinterlassen mehr Nachfahren als diese. Und damit hinterlassen sie auch mehr der eigenen Gene im Genpool der nächsten Generation. Wer im Vergleich mit den anderen Mitgliedern der Population mehr Kopien seiner Gene in der nächsten Generation hinterlässt, ist evolutionär betrachtet fitter. Dazu muss man nicht mal länger leben, was der

Begriff „survival" ja suggeriert. Man könnte auch kürzer leben und trotzdem evolutionär erfolgreicher sein, wenn man nur relativ mehr Nachkommen und damit mehr eigene Gene hinterlässt als die anderen Mitglieder. Alles was zählt, ist dieser relative Fortpflanzungserfolg.

Herbert Spencer benutzte den so missverständlichen Ausdruck „survival of the fittest" auch in seinen sozialtheoretischen Schriften im metaphorischen Sinn und ebnete damit dem Sozialdarwinismus den Weg. Er wandte ihn auf den Vergleich verschiedener Sozial- und Wirtschaftsstrukturen und den Wettbewerb unter Firmen um Marktanteile an. Das geflügelte Wort verursachte viele Missverständnisse.

Darwin selbst sprach in den ersten vier Auflagen seines Werkes nur von der „natural selection" (der natürlichen Auslese). Erst in der fünften Auflage, 1869, elf Jahre nach der Erstveröffentlichung, verwendete er dann das „survival of the fittest" und berief sich dabei auf Spencer. Darwin war zunehmend überzeugt, dass „natürliche Auslese" zu anthropomorph klang. Es ähnelte zu sehr der zielgerichteten menschlichen Auslese von Züchtern.

In der modernen evolutionsbiologischen Literatur verwendet niemand mehr das „survival of the fittest". Je mehr wir die populations- und molekulargenetischen Prozesse der natürlichen Auslese verstehen lernten, desto klarer wurde, wie schlecht eigentlich Spencers Begriff die komplexen Vorgänge der Evolution widerspiegelt.